同じ素材＆テキストなのに、こんなに違う！

デザインのネタ帳

Power Design Inc. 著

ソシム

INTRODUCTION

本書は、1つのテーマに対し
4つのOKデザインを紹介する
デザインレイアウトの本です。
得意分野の異なる4人のデザイナーが、
それぞれバラエティに富んだデザインを
提案します。

同じ素材&テキストを使っていても、
アピールポイントの違い、
またはアピール方法の違いによって
仕上がりはガラリと変わります。

デザインとしてはどれも「OK」でも、
その中のどれが選ばれ「正解」とされるかは、
クライアント次第！

デザイン制作をしていて行き詰まったとき、
レイアウトバリエーションが浮かばないとき、
またクライアントとの会議でデザインの
方向性をすり合わせたいときなどに、
本書を開いていただくことで「正解」を
見つけ出すお手伝いができれば幸いです。

CHARACTER

大塚 桃子
愛称：モモコ

PROFILE

性格
細かいことは気にしない
感情優先タイプの頼れる姉さん的存在

得意なデザイン
写真メインのビジュアル重視なデザイン

よろしくな！

青山 幸輔

愛称：アオヤマ

PROFILE

性格

裏表のない直球ストレートタイプ
フットワークが軽く仕事が速い

得意なデザイン

文字メインの直接的な表現のデザイン

黄楊 かりん

愛称：カリー

PROFILE

性格

マイペースな平和主義者
おいしいご飯とかわいい動物が好き

得意なデザイン

親しみやすくキャッチーなデザイン

瀬川 紫恩

愛称：シオン

PROFILE

性格

真面目で几帳面なしっかり者
仲良くなるとよくしゃべる

得意なデザイン

整列、整理整頓したかっちりデザイン

HOW TO USE

1つのテーマに対して4つのデザインレイアウトを紹介！
各デザイン案のアピールポイントを6ページで解説

デザイン制作の現場では１つの案件に対し、複数案を求められることがよくあります。念入りな打ち合わせをし、要望通りにデザインしたにもかかわらず「何か違う」「コレジャナイ」「別バージョンも見てみたい」とリテイクがかかることもあります。そのような要望に柔軟に対応できるよう、デザイナーは多くの引き出しを持っておく必要があります。

本書では１テーマに対して、４人のデザイナーが自身のデザイン案をプレゼン形式で紹介します。写真を大きく使ってビジュアルを重視した案、すっきりシンプルにまとめた案、キャッチコピーを印象的に配置しメッセージ性を打ち出した案など、同じ素材・テキストを使いながらも見た目の印象が異なる４案を紹介します。

デザインの正解は１つではありません。臨機応変にクライアントのニーズに合った提案をすること、そして、どのような意図でそのデザインを制作したかを理解し伝える（伝わる）ことが大切です。本書ではデザインレイアウトの作例だけでなく、その作品のアピールポイントも紹介していますので、ぜひ参考にしてください。

1 ページ目　オーダーシート

クライアントからの要望と使用する素材・情報を記載しています。想定ターゲットや要望などは仕上がりイメージを考えるうえで大切なポイントなのでチェックしておきましょう。

2 ページ目　レイアウトバリエーション

４人のデザイナーが提案するデザインレイアウト案です。同じ素材・テキストを使っていますが、見た目の印象は４案それぞれ異なることがわかります。

3-6 ページ目　各案のプレゼン

４案それぞれのデザインレイアウトを大きく掲載し、アピールポイントをまとめています。
MINI LESSON では、あしらいや配色などデザインに役立つ情報を紹介しています。

コラム　追加受注いただきました！

クライアントから追加の要望を受け１人のデザイナーがデザインレイアウトを提案します。元のデザインイメージを崩さず、アイテムに合わせたデザインの落とし込み方を紹介しています。

フォントについて

本書で紹介しているフォントは Adobe Fonts で提供されているものです。Adobe Fonts はアドビシステムズが提供している高品質なフォントのライブラリであり、Adobe Creative Cloud ユーザーが利用できるサービスです。なお、Adobe Fonts の詳細や技術的なサポートにつきましては、アドビシステムズ株式会社の Web サイトをご参照ください。

アドビシステムズ株式会社
https://www.adobe.com/jp/

注意事項

- ■本書中に記載されている会社名、商品名、製品名などは、一般に各社の登録商標または商標です。本書中では ®、TM マークは明記していません。
- ■本書中の作例に登場する商品や店舗名、クライアント名、住所等はすべて架空のものです。
- ■本書の内容は著作権上の保護を受けています。著者およびソシム株式会社の書面による許諾を得ずに、本書の一部または全部を無断で複写、複製、転載、データファイル化することは禁じられています。
- ■本書の内容の運用によって、いかなる損害が生じても、著者およびソシム株式会社のいずれも責任を負いかねますので、あらかじめご了承ください。

CONTENTS

SECTION 1

BROOKLYN STYLE CAFE
GRAND OPEN!

GRAND
OPEN
20XX.8.12

GRAND
OPEN

GRAND OPEN!
20XX.8.12

FRUIT
JAM

FRUIT JAM

FRUIT JAM

FRUIT JAM

Bread buffet

Bread buffet

Bread
Buffet

Bread
buffet

LUNCH MENU RENEWAL
Lunch Menu Renewal
20XX.10.01 FRI
LUNCH MENU RENEWAL
Lunch Menu Renewal

BEER NIGHT
17:00～22:00
BEER TOKYO

BEER
NIGHT
7.10-8.31
17:00-22:00
特製
クラフトビールが堪能できる
食べ放題飲み放題
¥4,500
BEER TOKYO

BEER NIGHT
17:00～22:00
4,500円
BEER TOKYO

BEER NIGHT
BEER TOKYO

GOTORY
おいしいのにキレイになれるなんてちょっとズルい。
Vege Fresh

SECTION 2
BEAUTY,FASHION

055

5th Anniversary Campaign

5th
Anniversary
Campaign

5th
Anniversary
Campaign

5th
Anniversary
Campaign

Esthetique

無添加石鹸

体験
してください
無添加石鹸

無添加石鹸

無添加石鹸

Dahlia

私と共に
時を刻む
Dahlia

Dahlia

Dahlia

夢みごこちな
ツヤパステル

ドレ着ル?
最大80%OFF
春の特別セール開催
ドレ着ル?

夏旅

夏旅キャンペーン
5000円OFF

夏旅
キャンペーン

夏旅
CAMPAIGN
5000円OFF

中村荘

大正ロマンを感じる旅へ。
中村荘

中村荘

大正ロマンを感じる旅へ。
中村荘

HOTEL GRAND TOWER
優雅な空間で過ごす
至福のひととき

美しいきものの文様展

美しい
きもの
の文様展

美しいきもの
の文様展

美しいきものの文様展

William Orchestra

Autumn concert
William
Orchestra
20XX.10.23sat

William

AUTUMN CONCERT
WILLIAM
ORCHESTRA
20XX.10.23SAT
PROGRAM
INFORMATION

SECTION 4 LIVING

はじめるなら
英会話
はじめるなら英会話
とことん話す!ぐんぐん身につく!

OPEN CAMPUS
2018
その一歩からはじまる、私
OPEN CAMPUS
OPEN CAMPUS

SECTION 5

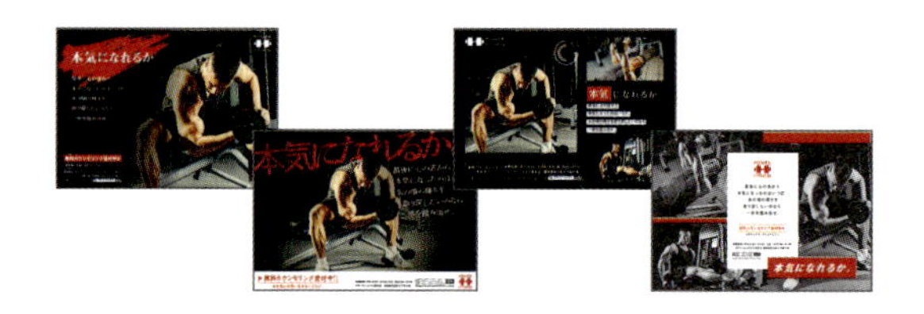
本気になれるか

介護スタッフ募集

介護スタッフ募集

介護スタッフ募集

介護
スタッフ
募集

おおた総合病院

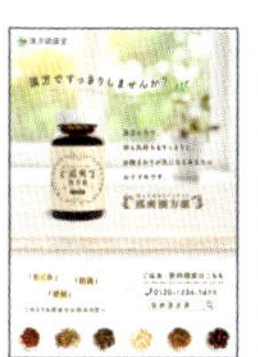

漢方ですっきりしませんか?

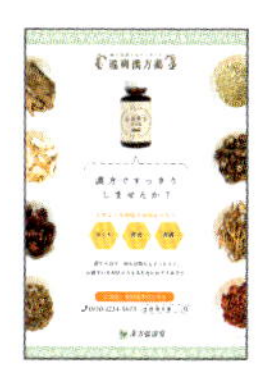

20XX
CYCLE
FESTA
CYCLE FESTA
20XX CYCLE FESTA

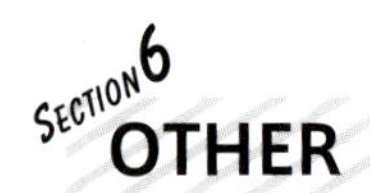

SECTION 6 OTHER

SECTION

1

FOOD

CASE 01

カフェの新規開店チラシ

新しくカフェをオープンすることになったので、チラシの制作をお願いします。
ブルックリンスタイルのおしゃれな内装で、看板メニューはワッフルです！

オーダーシート

クライアント名	サイズ
BROOKLYN STYLE CAFE	A4 縦

ターゲット

若者を中心とした幅広い世代

依頼者の要望

ブルックリン風でおしゃれ、でも万人ウケするデザイン

掲載内容

- 店名
- 開店日
- 店舗ロゴ
- 住所、電話番号、URL
- 地図
- キャッチコピー
- 説明文

支給データ

［画像］

［その他］

地図、テキストデータ

美味しそうな
ワッフルね…！

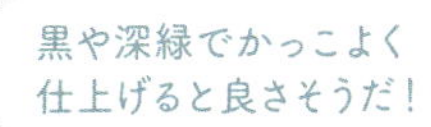

行って
みた〜い

新しいお店だから
情報もしっかり
伝えたいですよね

仕上がりをチェック！

LAYOUT VARIATION

A

美味しそうな
ワッフルで
視覚に訴える！

B

新規開店と
おしゃれな空間を
アピール！

C

ブラック
ボード風で
ほっこり感を！

D

シンプルで
洗練された
イメージに！

PRESENTATION

ワッフル写真を大胆に配置。
スイーツ好きの人の視覚に訴える
デザインに仕上げました！

❶ ワッフルの一部をあえて見切れるようにトリミングすることで、見る人の想像力を膨らませる狙いがあります。

❷ フォントは、写真の上に重ねても読みにくくならないように、シンプルで太めのサンセリフ体を選びました！

MINI LESSON

写真
- トリミング -

写真のトリミングをするときは、被写体をどこに持ってくるかによって印象が変わることがあるので、注意が必要です。

被写体がセンター
ストレートで、自然。でも時には退屈な印象も与えます。

被写体がサイド
空間に意図を感じられて、ドラマチック。バランスが重要。

B

「GRAND OPEN」をロゴ風にし強調。
複数の写真を背景に使うことで
おしゃれな雰囲気を伝えています。

❶ 思い切って中央に大きく文字を配置しインパクトを出しました。グリーン地に白文字で、ハッキリと見やすくしています！

❷ 文字を際立たせるために、写真はあえて背景として扱っています。

❸ ブルックリンテイストでまとめるために、レンガのテクスチャを追加しました。

MINI LESSON

あしらい
-ブルックリン風-

レンガ以外にも、ブルックリンテイストにマッチするテクスチャとして、古びたブリキやトタン、濃い色味の木目調、コルクボードなどがあります。

BROOKLYN STYLE CAFE

BROOKLYN STYLE CAFE

BROOKLYN STYLE CAFE

PRESENTATION

ブラックボード風でカフェらしく。
手書き風の文字とイラストも配置して
おしゃれで可愛い印象にまとめました。

1. 配色とかすれたタッチで、ブラックボードらしさを出しました。ブルックリンテイストにもよくマッチしていると思います！
2. 更に親しみを持たせるためにイラストも追加しました。細い線画なら子供っぽい印象にならず、おしゃれに仕上がります。
3. ワッフルが目立つように、写真は切り抜いて使用しました。

MINI LESSON

写真
- 切り抜き -

写真は角版のまま使うか、切り抜いて使うかで印象がガラッと変わります。

角版写真は背景が入っているため、全体の雰囲気が伝わりやすくなります。

切り抜くと余計な情報が排除されて、被写体をピンポイントで見せることが可能。

BROOKLYN STYLE
CAFE

GRAND OPEN!

20XX.8.12 SUN

駅チカにおしゃれな本格カフェがオープン！

都会的でおしゃれな店内で、本格派のコーヒーや、見た目も華やかなオリジナルスイーツをお楽しみください。

ブルックリン・スタイル・カフェ
TEL 03-1234-567X
〒123-4567 東京都足立区X丁目X番
パワービル2F
https://www.pd_layout.com

PRESENTATION

あえて余白を広めにしてシンプルに。写真や文字も見やすく配置して洗練されたイメージに仕上げました！

❶ 情報が見やすいよう白地を選び、余白もあえてたっぷり取りました。その代わり、フォント選びや文字色でブルックリンらしさが出るよう工夫しています！

❷ 太い罫線がシンプルなデザインの中でアクセントになっています。

❸ 情報を遮らないように、イメージ写真は一箇所にまとめて配置しました。

MINI LESSON

配色
- ブルックリン風 -

ブルックリンらしい色使いにするためのポイントは、彩度を落とすこと。黒やダークグリーン、ネイビーをメインに、カーキなどのスモーキーなカラーも合わせられます。色数は多くても3色程度に絞ったほうがかっこよくまとまります。

CASE 02

ジャムの雑誌広告

料理雑誌やグルメ雑誌に載せる、当社の新商品、フルーツジャムの広告を作っていただきたいです。
パッケージや店頭什器などのデザインにも使っているチェック柄のデータがあるので、お渡ししておきますね。

オーダーシート

クライアント名
PD フーズ

サイズ
A4 縦

ターゲット
20 ～ 50 代の料理、グルメ雑誌を読む女性

依頼者の要望
商品のイメージに合ったカントリー調のデザイン

掲載内容
- 会社ロゴ、商品ロゴ
- URL、QR コード
- キャッチコピー
- 説明文

支給データ

[画像]

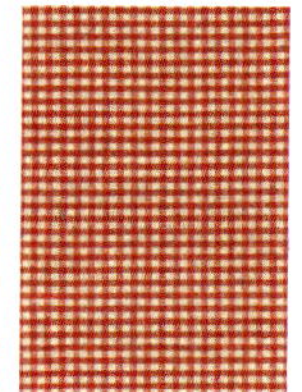

[その他]

テキストデータ、QR コード

仕上がりをチェック！

LAYOUT VARIATION

A

可愛い写真で
女性の
心を掴む！

B

メッセージは
シンプルに配置し
写真とメリハリ！

C

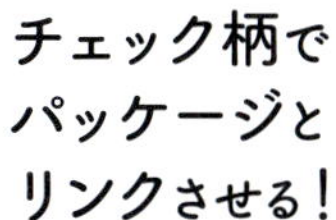

チェック柄で
パッケージと
リンクさせる！

D

4つの味を
しっかり見せて
選ぶ楽しみを！

PRESENTATION

**華やかな被写体を大きく配置！
可愛くておいしそうなビジュアルで
女性の心を掴みます。**

❶ 雑誌のページをめくったときにジャムパンが視界いっぱいに広がるようにしたかったので、大きくトリミングして大胆に配置しました。

❷ キャッチコピーは装飾を加えて個性を出し、小さくても存在感が薄くならないよう工夫しました。

MINI LESSON

写真
- 拡大 -

被写体を拡大すると、写真から伝わる情報が変化します。

拡大しない
周りの状況や風景と人物の関係など、たくさんの情報を伝えることが可能。

人物を拡大
情報量が減り、表情などの細部がピンポイントでよく伝わります。

伝えたいメッセージをシンプルに配置。華やかなイメージ写真とのメリハリでバランスよくまとめました。

❶ キャッチコピーは縦書きに、イメージ写真は横長に使用することで、メリハリのあるレイアウトにしています。

❷ キャッチコピーの周囲にホワイトスペースを広く取り、心地よい抜け感を作ることでメッセージが自然に伝わるように演出しました。

MINI LESSON

構成
- ホワイトスペース -

ホワイトスペースとは、背景の白色がそのまま残っている余白部分のことを指します。意図的にホワイトスペースを作ることで、見る人に余韻を感じさせることができます。

Wedding
Photo Plan
– Natural Style –

ウェディングやジュエリーのカタログなど、見る人に考える時間を与えたい場合に効果的。

1
2

PRESENTATION

チェック柄を全面に使用してほっこり。可愛らしいパッケージと揃えてカントリー調でまとめました！

❶ パッケージでも広告でも同じ柄を使って、商品のイメージを固めることで、世界観を印象付け、認知度を高める狙いがあります。

❷ イチゴのイラストをランダムに配置して「自然の恵み」のインパクトを強めました。

MINI LESSON

あしらい
- チェック -

チェックにはたくさんの種類があるため、イメージによって使い分けが必要です。

ギンガムチェック
春のピクニックを連想させる可愛らしいチェック。

タータンチェック
秋冬のイメージの他に、制服の印象も強い。

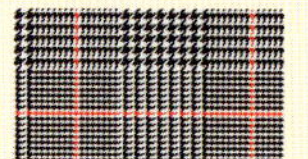

グレンチェック
コートやスーツによく使われ、マニッシュな印象。

FRUIT JAM
LET'S CHOOSE THE TASTE

自然の恵みたっぷり
つめこみました

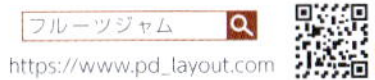

https://www.pd_layout.com

PRESENTATION

バリエーションの豊富さをアピール。背景にフルーツの写真を追加して4つの味を強調しました。

❶ フルーツが敷き詰められた写真を使い、色面として見せています。

❷ 紙面を５分割し、文字情報は中央にまとめました。カラフルでありながらも、きちんと整理をすることで見やすい広告になっていると思います！

MINI LESSON

写真

- 色面として見せる -

たくさんの物が写り込んだ写真でも、同一色、または類似色の占める面積が広ければ広いほど、物く色と認識されやすくなります。

CASE 03

ベーカリーレストランのチラシ

新たにベーカリーブッフェをスタートすることになったので、チラシの制作をお願いします。
背景には当店オリジナルのテクスチャを使ってください。レイアウトはお任せします！

オーダーシート

クライアント名
Happy Bakery Shop

サイズ
A4 縦

ターゲット
主に 20 ～ 40 代のパンが好きな男女

依頼者の要望
クラフト紙風のオリジナルテクスチャに合うデザイン

掲載内容
・店名
・店舗ロゴ
・住所、電話番号
・地図
・説明文

支給データ

［画像］

［その他］
地図、テキストデータ

ここって…
今話題の
有名店よね！

このおしゃれなテクスチャ
見覚えあるぞ

最近雑誌でも
紹介されてた～

確かショップカードや
紙袋にもこのテクスチャが
使われていました

仕上がりをチェック！

LAYOUT VARIATION

A

アナログ感を
演出して
おしゃれに！

B

紙面を分割して
食べ放題情報を
わかりやすく！

C

色々な種類の
パンを見せて
ブッフェらしく！

D

スタイリッシュ
な縦長風で
今っぽく！

PRESENTATION

クラフト紙に合った、
ナチュラルなカントリー調に。
パンを大きく載せて食欲をそそります。

❶ 写真はわざとラフに切り抜き、アナログ感を出しました。

❷ フォントも手書き風の筆記体を使うことで、クラフト紙に合ったナチュラルなイメージにまとめました。

❸ 写真を右上と左下に置いた対角線構図で、動きを出しながらもバランスの取れたレイアウトになっています。

MINI LESSON

文字
- 手書き風 -

手書き風のフォントを使うと、親しみやすい印象を与えたり、ほっこりとした温かい雰囲気を演出することができます。

Active
Handwritten Font

Rollerscript
Handwritten Font

PRESENTATION

「食べ放題」だと伝わるよう情報整理！紙面を三分割することで、おしゃれでかつわかりやすく仕上げました。

❶ 「90分食べ放題」の文字は小さくても目立つように白抜きにし、更に集中線で注目度を上げています。

❷ ペン画＋版ズレ風のイラストを加えて、オリジナルテクスチャとマッチするアナログ感を演出しました。

❸ 装飾的にあしらった「Bread buffet」の文字は写真に重なる部分だけ色を抜いておしゃれに仕上げました。

MINI LESSON

文字
- 色を部分的に切り替える -

背景が切り替わるのに合わせて文字色を変えると、印象的なデザインを作ることができます。ただしアート性が強く可読性に欠けるため注意が必要です。

PRESENTATION

単品のパン写真をランダムに配置。どれを食べようか選ぶのが楽しいブッフェのワクワク感を表現しました！

❶ 切り抜き写真を使うことでパン一つ一つが見やすく、バリエーションに富んだラインナップだということが伝わります。

❷ 写真の間に、それぞれのパンの種類名を書き込みました。ランダムな配置が楽しい印象を与え、また英字がプラスされたことでおしゃれさも感じさせます。

MINI LESSON

写真
- ランダム配置 -

ランダム配置は、楽しさや賑やかさを表現したい場合に適しています。

整列して配置
静かで真面目な印象。どんな種類があるかなど、細かな内容も伝わる。

ランダム配置
詳細情報は伝わりにくいが、種類の豊富さなど、全体のイメージが伝わる。

PRESENTATION

縦分割でスタイリッシュに。
話題のお店らしい、今っぽさを
感じられるレイアウトにしてみました。

❶ 縦位置の紙面をあえて縦に分割することで、シュッとしたスリムな見え方にしました。片側に情報が集まったことで、わかりやすさも出たと思います。

❷ 文字は全て黒で統一しました。クラフト紙と黒文字はとても相性がよく、大人っぽく洗練された印象を与えることができます。

MINI LESSON

あしらい
- クラフト紙 -

クラフト紙のテクスチャは合わせる色によって、さまざまにイメージが変化します。

黒	茶色	カラフル

スタイリッシュで大人っぽい印象。	アンティーク調でおしゃれな印象。	懐かしさのあるレトロな印象。

CASE 04

フレンチレストランのDM

ランチメニューをリニューアルするので、会員のお客様向けのDMを作っていただけますか。
ロゴにも使っているボルドーが店のキーカラーになっているので、デザインに取り入れてもらいたいです。

オーダーシート

クライアント名
La pouvoir FRENCH RESTAURANT

サイズ
はがき 横

ターゲット
会員登録をしている主に30～40代の男女

依頼者の要望
ランチなので重厚すぎない軽快さがありつつ、
高級感も感じられるデザイン

掲載内容
・店舗ロゴ
・開始日
・説明文

支給データ

［画像］

［その他］
テキストデータ

仕上がりをチェック！

LAYOUT VARIATION

A
写真を
1点に絞って
シンプルに！

B
文字は横
写真は縦で
印象的に！

C
動的なレイアウトを
エレガントな装飾で
格上げ！

D
コンパクトな
レイアウトで
上品リッチ！

A

LUNCH MENU RENEWAL

❶

20XX.10.01 FRI START

素材選びからこだわり抜いた
シェフ渾身の新メニューをご用意。
より一層深みを増した当店のランチを
どうぞお楽しみください。

❷

こちらのハガキをお会計時に ご呈示いただいたお客様	お会計から 5%off

PRESENTATION

写真をメイン料理の1点のみに絞ってシンプルに！
限られたスペースの中でベストな情報量になるよう調整しました。

❶ メインの文字は細身のセリフ体を使って、上品でありながらも高級感や格式高い印象をもたせました。

❷ 装飾のないシンプルな枠でも、極細のラインを使うことで洗練された印象になります。

MINI LESSON

あしらい
- ライン -

枠やフレーム、文字の下線などに使うラインは太さによって与える印象が変化します。

細	太
ELEGANT and delicate	
上品で高級、また繊細で静かな印象。	アピール力が強く、ポップな印象。

❶

❷

PRESENTATION

縦に分割した写真の上に、横組みの文字を大きく配置。おしゃれで印象的なDMを作りました。

❶ 読み手の想像力を膨らませることを狙い、料理の写真はどれもアップにして見切れさせました。

❷ 質感のあるテクスチャを使って深みを出し、リッチなイメージに仕上げています。

MINI LESSON

あしらい
- テクスチャ -

凹凸や濃淡のあるテクスチャを使うと、単色ベタに比べて深みのある表現になります。チープ感を解消したい場合や、手が込んでいるように見せたい場合にも有効です。

Invitation ▶ Invitation

C

PRESENTATION

切り抜き写真を使った動的なレイアウトで気取りすぎずに。
軽めの装飾で「ごきげんランチ」なイメージに仕上げました。

1. 手書き風のフォントで軽やかで楽しげな雰囲気にしました。
2. 文字情報は写真に回り込ませることで動きを出しました。
3. お得情報はシーリングスタンプ風のあしらいで違和感なく目立たせています。

MINI LESSON

文字
- 回り込み -

文章を、隣接するオブジェクトの形に添わせて流すことを回り込みと言います。個性的でオリジナリティが強く、またアート性の高い表現ができます。

❶ ❷ ❸

PRESENTATION

余白を意識したコンパクトなレイアウトで上品に。
ボルドーをポイントで効かせてリッチな印象を与えます。

❶ 写真は一箇所にまとめて配置することで、読み手のイメージを一気に膨らませます。

❷ さりげないフローリッシュで重厚すぎない高級感を演出しました。

❸ 文字サイズは小さめですが、周囲に広めの余白を設けることで判読性をアップしています。上品な大人のイメージです。

MINI LESSON

あしらい
- フローリッシュ -

フローリッシュとは、植物のつるが美しく伸びているような形状のモチーフを指します。エレガントでラグジュアリーな印象のデザインにマッチします。

CASE 05

ビアガーデンのDM

ビアガーデンのイベント告知の DM 作成をお願いします。
仕事帰りに立ち寄りたくなるような楽しいイメージでお願いします。

オーダーシート

クライアント名
BEER TOKYO

サイズ
はがき 縦

ターゲット
主に 20 ～ 40 代の仕事帰りの社会人

依頼者の要望
カジュアルでおしゃれな、ユニセックスなデザイン

掲載内容

- ・イベント名
- ・開催期間
- ・店舗ロゴ
- ・住所、電話番号
- ・地図
- ・キャッチコピー
- ・説明文

支給データ

［画像］

BEER TOKYO
https://www.beer-tokyo.com

［その他］

地図、テキストデータ

おしゃれなお店で
ビアナイト！
楽しそうね

夜っぽい写真が
ないのが難点だな

夜っぽくするには
やっぱり色かな～

ビアガーデンに
行ったことがないので
調査しなくては…

仕上がりをチェック！

LAYOUT VARIATION

A

月をイメージした
ロゴマーク風で
楽しい夜を！

B

ビールの写真と
文字だけで
直球アピール！

C

手描き風の
イラストで
カジュアルに！

D

星空の写真で
おしゃれな
イメージに！

PRESENTATION

文字情報は月をイメージした
ロゴマーク風にまとめてアイキャッチに。
夜らしい雰囲気を演出しました!

❶ 重要な情報をひとまとめにマーク化することで、わかりやすく伝えます。

❷ メインのフォントは丸ゴシックを使用し、親しみやすい雰囲気にまとめました。

❸ 装飾的に英字を追加し、少し動きを出しています。

MINI LESSON

文字
- 丸ゴシック体 -

丸ゴシック体は柔らかで優しい印象を与えるため、親しみやすさを出したい場合や、子供向けのデザインによく合います。

DNP 秀英丸ゴシック Std
親しみやすい丸ゴシック体

TB シネマ丸ゴシック Std
親しみやすい丸ゴシック体

PRESENTATION

ビールの写真と文字だけで構成。
要素をパズルのように組み合わせて
グルメ雑誌の表紙風にまとめました。

❶ 夜とビールをイメージしてネイビーとイエローを使いました。補色の配色でメリハリが出たと思います。

❷ あえて複数の異なるフォントを組み合わせることで、にぎやかな印象を与えます。

❸ ポイントでストライプを使い、カジュアル感を演出しています。

MINI LESSON

配色
- 補色 -

補色とは色相環で正反対に位置する色の組み合わせのこと。デザインに取り入れるとメリハリやインパクトを生むことができますが、同一トーンで使うと見えにくい場合もあるため、注意が必要です。

× - 補色 -

彩度が高い色同士は反発しあい、チカチカして見にくい。

○ - 補色 -

水色の彩度を低くすることでオレンジ色が目立って見える。

PRESENTATION

手描き風のイラストでカジュアルに！
男女問わず気軽に来店したくなるような
楽しい雰囲気のDMを作りました。

❶ 極細ラインのペン画風タッチのイラストで、カジュアルな大人の時間をイメージしました。

❷ 写真は円形にトリミングしてランダムに配置し、賑やかなイメージを出しました。

❸ 背景をグラデーションにすることで少し深みが出て、よりおしゃれな印象になったと思います。

MINI LESSON

あしらい
- グラデーション -

グラデーションを使うと、奥行きや深みを出したり、反対に軽やかさを出すこともできます。ただし色相差のある色を組み合わせると境目が濁ってしまうので注意が必要です。

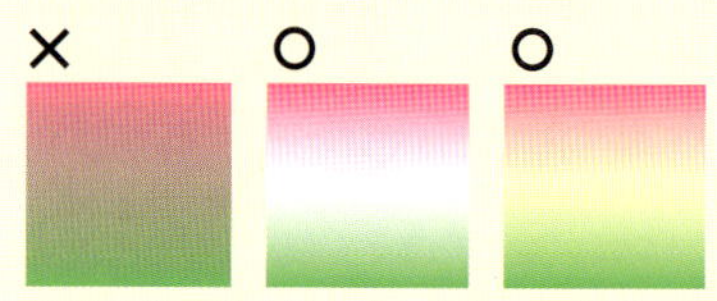

境目が濁る場合は、間に白や、色相環で2色の中間にあたる色を挟むと綺麗です。

PRESENTATION

星空の写真を使っておしゃれに。大人の男女が心惹かれるような洗練されたデザインを意識しました。

❶ 星空だけではロマンチックになりすぎるため、平面的な星のイラストも配置してバランスを取りました。

❷ 細いラインを使うことで、おしゃれで洗練された印象を与えます。

❸ 全体がシックになりすぎないよう、ポイントでデザインフォントを取り入れて遊び心をプラスしました。

MINI LESSON

あしらい
-星-

星はとても汎用性が高く、夜のイメージだけでなく、ポップな子供向けデザインやミリタリーテイストのモチーフとしても使われています。

頂点の角度や数など、微妙な差によってイメージが変化します。

CASE 06

野菜ジュースの店頭POP

弊社の新商品、野菜ジュースの店頭POP制作をお願いいたします。
美容に興味がある人がパケ買いしてしまいそうなおしゃれな商品を目指しています！

オーダーシート

クライアント名
GOTORY

サイズ
A6 横

ターゲット
美容や健康に関心のある女性

依頼者の要望
爽やかで明るく、カジュアルでおしゃれなデザイン

掲載内容
・商品ロゴ
・会社ロゴ
・キャッチコピー
・説明文

支給データ

［画像］

［その他］
テキストデータ

発売したら
すぐに買うわ…！

パッケージも
おしゃれさに拘ってるな

パケ買いしちゃい
そうだねえ〜

ハート型の野菜も
女性にウケそうです！

仕上がりをチェック！

LAYOUT VARIATION

A 空と緑の背景で明るく爽やかに！

B 最低限の要素でシンプル&スタイリッシュ！

C カジュアルな木目調で親しみやすく！

D ハート型でパッケージとリンクさせる！

PRESENTATION

背景に空と緑の写真を追加して、明るく爽やかな印象に。
ポジティブな気持ちになれそうな広告で購買意欲を掻き立てます。

❶ 背景写真はぼかして、メインであるジュースを引き立てました。

❷ 手書き文字でカジュアル感を演出しています。

❸ 点線のフレームを使って、窮屈な印象を与えずに紙面を引き締めています。

MINI LESSON

写真
- ぼかし -

メインの要素を目立たせい場合、それ以外をぼかすことで主役と脇役の差を明確にし、視線を誘導することができます。ストーリー性も強まり、印象深くなります。

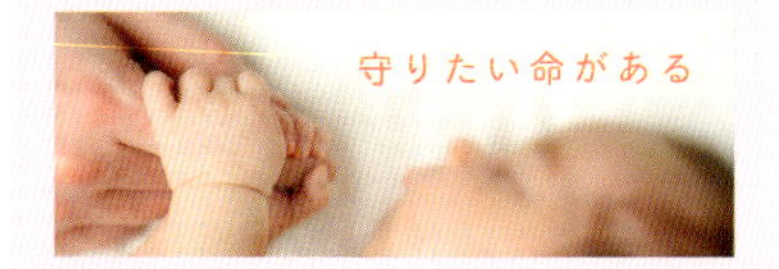

PRESENTATION

最低限の要素でシンプル&スタイリッシュな広告に！
若い女性にフックしそうなキャッチコピーをしっかり読ませます。

❶ 細身のゴシック体を使うと、大きく配置しても騒がしい印象にならずおしゃれに見せることができます。更に斜体にして、勢いを演出しました。

❷ パッケージデザインにも使われているビタミンカラーの水彩テクスチャを用いて、おいしさとヘルシーさを表現しました。

MINI LESSON

あしらい
-水彩-

水彩は曖昧で繊細な色の変化が特徴的で、柔らかさや儚さ、爽やかさや透明感を演出したいときに活躍します。

隣り合う色、重なる色が濁らないように色を選ぶときれいに仕上がります。

C

PRESENTATION

カジュアルな木目調の背景を用いて、親しみやすく。
程よい抜け感のあるレイアウトで爽やかに仕上げました。

❶ 白い木目を使って、明るくおしゃれな印象を与えます。

❷ キャッチコピーは曲線状に配置し、軽やかさと遊び心を演出しました。

❸ アクセントとして文字の一部をフチ文字にし、抜け感を出しました。

MINI LESSON

あしらい
- 木目調 -

木目は、ナチュラルでカジュアルなイメージによく合います。色味によって以下のようにイメージが異なります。

ホワイト	ナチュラル	ブラウン
	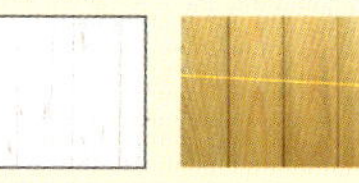	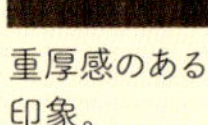
洗練されたおしゃれな印象。	親しみやすい印象。	重厚感のある印象。

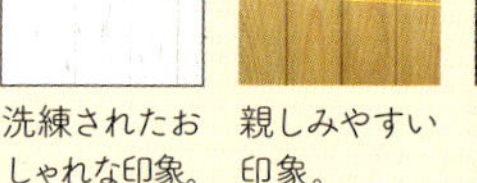

PRESENTATION

ハート型を使ってパッケージデザインとリンク！
爽やかな緑のストライプで可愛くてヘルシーな雰囲気にまとめました。

1. 野菜の写真を追加してハート型にトリミングし、カラフルに見せました。
2. パステルグリーンを使うことでナチュラルで健康的な印象を感じさせます。
3. ポイントで下線を引いて、メリハリを出しました。

MINI LESSON

あしらい
- ハート -

ハートは一般的にラブリーで可愛らしいイメージが強いので、女性または女児向けのデザインによく使われます。丸みの強い形状ほどポップで子供っぽく、縦長になるほどシャープで大人っぽい印象になります。

＼＼ モモコの //

追加受注いただきました！

-メニューレイアウト-

フレンチレストランのDMが好評で、メニューも制作することになったわ！
体裁はA4二つ折りで、シンプルなデザインがご希望よ。

LAYOUT POINT

余白が効いていて
上品な仕上がりだな！

1 左のページはイメージ重視で料理の写真を大きく配置！右のページはメニューをまとめて載せ、メリハリのあるレイアウトにしました。

2 文字サイズは全体的に小さめにし、上品な印象を与えます。また、行間を広めにすることでゆったりとした大人の余裕を感じさせます。

SECTION

2

BEAUTY,FASHION

CASE 07

ヘアサロンのキャンペーンチラシ

5周年の記念にキャンペーンをするので、そのチラシを作ってください。
店の前で配ったり、ポスティングもする予定です。カッコイイやつをお願いします。期待しています！

オーダーシート

クライアント名
Hair salon Lay

サイズ
A4縦

ターゲット
女性を中心とした10～30代の学生や社会人

依頼者の要望
スタイリッシュでかっこいい印象のデザイン

掲載内容
・店舗ロゴ
・住所、電話番号、URL
・地図
・説明文

支給データ

［画像］

Hair salon Lay　Hair salon Lay

［その他］

地図、テキストデータ

仕上がりをチェック！

LAYOUT VARIATION

A

3人の女性を
全員メインにし
インパクト大！

B

スクリプト書体
でかっこよく
5周年を強調！

C

白ベースで
すっきり洗練
スタイリッシュ！

D

ダイヤ型で
おしゃれに
情報整理！

PRESENTATION

3枚のモデル写真を全てメインに！
インパクトのある大胆なレイアウトで
スタイリッシュに仕上げました！

❶ 印象的なチラシになるよう、モデル写真はあえて強弱をつけずに全員アップで使用しました。

❷ 黒を面で使うことで、写真とのコントラストが強まりかっこいい印象を与えます。

❸ 英文はデザインの一部として扱い、スタイリッシュに仕上げました。

MINI LESSON

配色
-黒-

黒が与える印象には、暗さや強さの他に高級感があります。使う面積によっても印象が変わります。

面積広め

DARK AND SCARED

重みや暗闇のイメージから、ミステリアスな印象。

面積狭め

一部が強調され、シャープで引き締まったイメージ。

PRESENTATION

特別感を出すため「5周年」を強調。スクリプト書体を使って勢いのあるかっこいいデザインを作りました。

❶ 「5th」はフチ文字と黒ベタ文字をずらして重ねることで奥行き感を出し、インパクトを強めました。

❷ 動きのあるスクリプト体を斜めに入れ、わざと見切れさせ、重なるように配置して勢いを出しています。

❸ 全体をアシンメトリーな構成にすることで、かっこよく印象的なレイアウトに仕上げました。

MINI LESSON

文字
-スクリプト体-

スクリプト体とは流れるような筆跡の欧文書体を指し、華やかでアーティスティックなものから、ラフな走り書きのようなものまでさまざまな種類があります。

Active
Brilliant Script Font

Rollerscript
Rough Script Font

Thank you for your patronage.

5th Anniversary Campaign

開店5周年を記念し、日頃ご愛顧いただいているお客様へ向けた特別コースをご用意いたしました。カット、カラー、トリートメントなど、全てのコースが通常料金の 20%OFF！お得な機会にぜひご利用ください。

ALL20%OFF

Cut	¥3000➡¥2400
Color	¥5000➡¥4000
Blow	¥2000➡¥1600
Perm	¥8000➡¥6400
Treatment	¥2500➡¥2000
Head-spa	¥3000➡¥2400

Hair salon Lay

TEL 03-1234-567X

〒123-4567 東京都足立区X丁目X番
パワービル2F
https://www.pd_layout.com

PRESENTATION

"女性的スタイリッシュ"をイメージ！
白ベースですっきりまとめ
クールで洗練された印象を与えます。

❶ 全体にホワイトスペースを意識して明るさと抜け感を出し、メインターゲットである女性が好むスタイリッシュさを表現しました。

❷ 斜めのストライプやゴシック体のフォントなど、細いラインを使うことで、シャープでかっこいい印象にまとめました。

❸ モデル写真はインスタント写真風に加工しておしゃれに仕上げました。

MINI LESSON

写真
- インスタント写真 -

インスタント写真は普通の写真に比べ、若者らしさやおしゃれさを感じさせます。

余白部分に文字をプラスすると、アナログ感が増し、より小慣れた印象が出ます。

PRESENTATION

ダイヤ型を敷き詰めてかっこよく！
情報は内容ごとにまとめて配置し、
見やすさとデザイン性を両立しました。

❶ ダイヤ型をメインモチーフにすることで、クールで大人っぽい印象を与えます。

❷ 配色はグレイッシュベージュ、コーラルピンク、黒のトリコロールでまとめ、コントラストを強めることでかっこよさを演出しました。

MINI LESSON

配色
- トリコロール -

トリコロールとは、差が明快でコントラストの強い３色を組み合わせた配色のことを指します。目立たせたい、印象的にしたいときに取り入れると、メリハリのあるデザインを作ることができます。

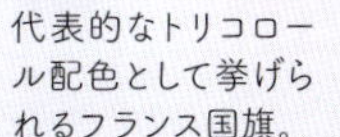

代表的なトリコロール配色として挙げられるフランス国旗。

１色を無彩色にすると明度差が生まれ、良いバランスに。

CASE 08

エステサロンの電車内広告

仕事や家事で疲れている女性に向け、当サロンをPRできるような電車内ドア横ポスターを作ってください。通勤中などにふとポスターを目にした人が、興味を持ってくれたら嬉しいです！

クライアント名	サイズ
Beauty Salon Esthetique	B3 横

ターゲット

20～40代の、癒しを求める女性

依頼者の要望

特別感と、癒しを感じさせるデザイン

掲載内容

- 店舗ロゴ
- 住所、電話番号
- URL、QRコード
- キャッチコピー
- 説明文

支給データ

［画像］

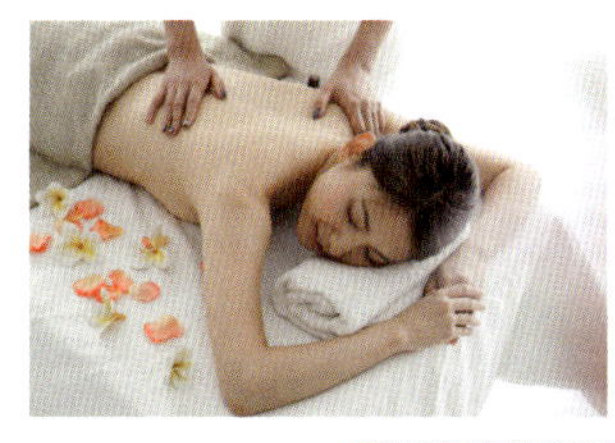

Beauty Salon
Esthetique

［その他］

テキストデータ、QRコード

「美容」というより「癒し」を売りにしているのね！

リフレッシュするってことなのか？

確かにこのアピールだと心に響きやすいかも～

自分へのご褒美といったところでしょうか！

仕上がりをチェック！

LAYOUT VARIATION

A

曲線を使って
優雅で
リッチな印象に！

B

疲れた女性の
心に直接
訴えかける！

C

たくさんの
お花のイラストで
贅沢感！

D

クラシカルな
フレームで
特別感を！

PRESENTATION

羨ましくなるようなイメージ写真を大きく見せて誘惑。
ゴールドの曲線を使って優雅でリッチな雰囲気を演出しました。

❶ モデル写真とアロマオイルの写真を組み合わせて見せることで、シチュエーションをより伝わりやすくしています。

❷ ライトブラウンにゴールドを合わせた配色で、落ち着きがあり、大人でリッチな印象を与えます。

MINI LESSON

配色
- 高級感の演出 -

落ち着きのある印象に仕上がるライトブラウン×ゴールド以外にも、高級感を演出できる配色があります。

定番の黒×ゴールドに深紅をプラスした、ゴージャスで重厚感のある配色。

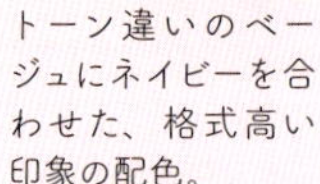

トーン違いのベージュにネイビーを合わせた、格式高い印象の配色。

PRESENTATION

大胆に余白を設けて、キャッチコピーを強調！
"読ませる"レイアウトで疲れた女性の心を掴みます。

❶ キャッチコピーの周囲に余白をたっぷりと取ることで、注目度を上げました。

❷ 明朝体を使うことで、しなやかで優雅な印象を与えます。

❸ 上品な飾り罫を入れて、特別感を演出しました。

MINI LESSON

構成
- 余白 -

文字やオブジェクトの周囲に余白を設けると、見る人の視線を誘導し、注目度を上げることができます。

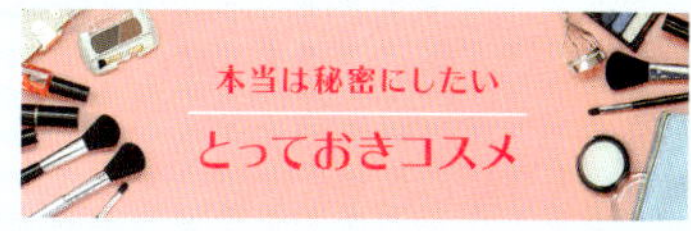

サイズが小さくても効果が得られるため、上品にデザインをまとめることができます。

C

PRESENTATION

お花のイラストをたくさん使って、贅沢な世界観を表現！
ふんわりボカシ加工で、癒しを感じられるデザインに仕上げました。

❶ 写真は境界をボカシて配置し、優しい印象を与えます。

❷ お花のイラストは細い線の手書きタッチにすることで大人っぽくまとめました。

❸ 一文字ずつ微妙に色を変えることで奥行き感が生まれ、ゆらめくような表現に仕上げています。

MINI LESSON

文字
- 文字の配色 -

文字の色を一文字ずつ変えると、楽しい印象を与えたり、ゆらめきなどの表情を付けることができます。可読性を保つために、トーン差の少ない配色がおすすめです。

にぎやかカラフル

EARTH COLOR

せせらぎグラデーション

PRESENTATION

クラシカルでエレガントなフレームを使って特別感を演出。
明るいベージュで落ち着きのある印象にまとめました。

1. フレームとパターン柄を額縁のように使うことで、白地の部分を引き立てています。
2. パターンはダマスク柄を用いてエレガントな印象にしました。
3. 情報を整理するための境界線にあえて隙間を作ることで、抜け感が生まれ洗練された印象になったと思います。

MINI LESSON

あしらい
- 境界線 -

情報をわかりやすく伝えるレイアウトの手段として、グループごとにフレームで囲ったり、地色で区分けする方法もありますが、シンプルな境界線だけでもすっきりと見やすく整理することができます。

会社概要 | 企業理念 | 事業内容

CASE 09

無添加石鹸の折込チラシ

当社の看板商品、植物由来の無添加石鹸の折込チラシ製作をお願いいたします。
既に人気のある商品ですが、さらなる顧客拡大を目指し無料サンプルのキャンペーンを開始するんです。

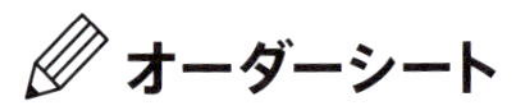

オーダーシート

クライアント名
SAVON

サイズ
A4 縦

ターゲット
主に30～40代のオーガニック商品に関心のある女性

依頼者の要望
オーガニック商品なのでナチュラル感のあるデザイン

掲載内容
- 商品名
- 会社ロゴ
- URL
- キャッチコピー
- 説明文
- 注意文

支給データ

［画像］

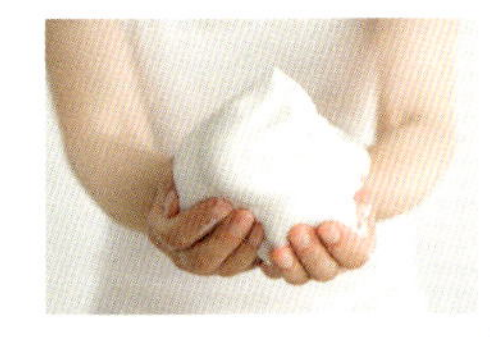

［その他］

テキストデータ

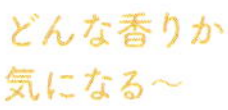

仕上がりをチェック！

LAYOUT VARIATION

A

憧れの
ふわふわ泡で
誘惑！

B

謎めいた
メッセージで
好奇心を刺激！

C

水彩の質感で
やすらぎを
演出！

D

上品シンプルに
まとめて
高品質感を！

A

PRESENTATION

ふわふわの泡で見る人を誘惑！
思わず触りたくなるような
触感に訴えるチラシを作りました。

❶ イメージ写真の泡の部分を極端に大きくクローズアップしたトリミングで、ふわふわ感がより伝わるようにしています。

❷ 曲線を取り入れることで柔らかな印象にまとめました。

MINI LESSON

あしらい

- 曲線 -

紙面の中に曲線を取り入れることで、動きが出たり、しなやかさや柔らかさを演出すことができます。

食欲の秋
グルメフェア

文字の下に曲線を入れると流れが生まれ、それだけでぐっと印象的に。

PRESENTATION

**「体験」の文字を大胆に拡大。
何の体験ができるの?と疑問を抱かせ
内容を読んでもらうのが狙いです!**

❶ 「無料サンプル」の文字をドーンと載せる案も考えましたが、チープ感が出ることを懸念して「体験」の方を選びました。結果的に、より"気になる"チラシができたと思います!

❷ 文字の印象を際立たせるため、ボタニカルのイラストを配置。ナチュラルな雰囲気も演出しています。

❸ 全体に布地のテクスチャを入れ、ナチュラルな印象にまとめました。

MINI LESSON

配色
- 色の印象 紫 -

紫は使い方や周囲の色の組み合わせによって与える印象が大きく異なる、複雑な色です。

淡い紫	濃い紫	青紫
癒しを感じる優雅な印象。	ミステリアスな印象。	クールで落ち着いた印象。

PRESENTATION

水彩の質感でふんわり優しく。やすらぎを感じられるようなデザインに仕上げました！

❶ 淡いカラーの水彩模様を重ねて使用しました。アナログ感を出すことで、ナチュラルな印象も与えることができます。

❷ 植物由来と聞いたので、葉っぱの形をメインオブジェクトとして用いました。

❸ より柔らかなイメージが出るよう、文字を葉っぱの曲線に沿って入れました。

MINI LESSON

文字
- オブジェクトに沿わせる -

文字をオブジェクトに沿わせて入れると動きや個性が出て、楽しく親しみのあるレイアウトになります。

PRESENTATION

装飾は最小限に抑えてすっきりと。
高品質であることをシンプルに表現し
落ち着いた雰囲気にまとめました。

❶ イメージを伝える写真やキャッチコピーは上部に、それ以外の大切な情報は全て紫地の部分に、はっきりと分割したレイアウトでわかりやすくしました。

❷ イメージ写真は横方向にフェードアウトさせ、柔らかな印象を作りました。
文字の可読性をあげる役割も果たしています。

MINI LESSON

写真
- フェードアウト -

写真をフェードアウトさせると余韻を感じせる繊細な表現をすることができます。また写真のサイズが不足しているときに背景との境界をぼかす意味でフェードアウトさせると、自然な見え方になります。

CASE 10

腕時計の店頭ポスター

新作の女性向け腕時計のポスター制作をお願いします。各店舗内で掲示するためのものです。
オフィスでも使えるけれどアクセサリーのようにおしゃれ、というのが商品のコンセプトです！

オーダーシート

クライアント名
Dahlia Jewelry Watch

サイズ
A2 縦

ターゲット
20 ～ 30 代の働く女性

依頼者の要望
商品のコンセプトと同じく、きちんとしたイメージと
女性らしさを兼ね備えたデザイン

掲載内容
・ブランドロゴ
・URL
・キャッチコピー
・説明文

支給データ

［画像］

［その他］

地図、テキストデータ

これを着けていたら
一目置かれるかしら

いい感じのモデル写真だけど
腕時計が小さいな…

機能説明用に
イメージ画像を
入れようかな

そのアイデア
いいですね！

仕上がりをチェック！

LAYOUT VARIATION

A

着用シーンを
大きく見せて
イメージしやすく！

B

色調を
コントロールして
印象的に！

C

優しいピンクと
お花のイラストで
女性らしく！

D

商品そのものを
大きく見せて
直接アピール！

PRESENTATION

**着用時をイメージしやすいように
モデル写真を大きく配置。
大人キレイに仕上げました。**

❶ 写真を大きく使いつつ、周囲に余白を設けることで大胆な中にも落ち着きを感じられるレイアウトになっています。

❷ 明朝体を使うことで、フォーマルで上品な印象を与えます。

❸ 全体はすっきりとシンプルにまとめながらも、細かなあしらいで女性らしさを表現しました。

MINI LESSON

文字
- 明朝体 -

明朝体は高級感、クラシカル、真面目、しなやかなどさまざまなイメージを持っています。また太さによって以下のように異なる印象を与えます。

小塚明朝 Pr6N R
繊細な印象の細い明朝体

DNP 秀英四号太かな Std Hv
力強さを感じる太い明朝体

PRESENTATION

シックで知的なモノトーン部分と華やかなカラー部分を使い分け。ドラマチックなポスターを作りました！

❶ モノトーン部分は少しクールな印象、カラー部分は温かみのある色を薄く重ね、女性らしい印象が残るようにしました。

❷ 文字のサイズに強弱をつけることでよりインパクトを強め、ドラマチックに仕上げました。

MINI LESSON

配色
- モノトーン -

モノトーンとは、一色の濃淡または明暗だけで表現することを指します。一般的に白黒（無彩色）の表現がメジャーですが、茶色の濃淡または明暗だけで表現されるセピア調なども、モノトーンに含まれます。

無彩色を使うと、スタイリッシュで大人っぽい印象や、静けさや物悲しい印象に。

C

PRESENTATION

**落ち着いたピンクで大人っぽく。
繊細なお花のイラストを追加して
フェミニンな印象にまとめました。**

❶ 落ち着いた大人の印象と、柔らかで女性らしい印象のどちらも感じられる、ピンクベーシュを全体に使いました。

❷ 上品な印象の細い線画のイラストで華やかさをプラスしました。

❸ 機能説明の部分には言葉の意味に合うイメージ写真を使いました。円形でトリミングして柔らかな印象になるよう仕上げています。

MINI LESSON

配色
- 色の印象 ピンク -

ピンクは一般的に、女性らしくロマンチックなイメージですが、微妙な色味の違いによってニュアンスが変化します。

Y強め	Mのみ	C強め
落ち着いた大人な印象。	キュートで元気な印象。	若々しく色気のある印象。

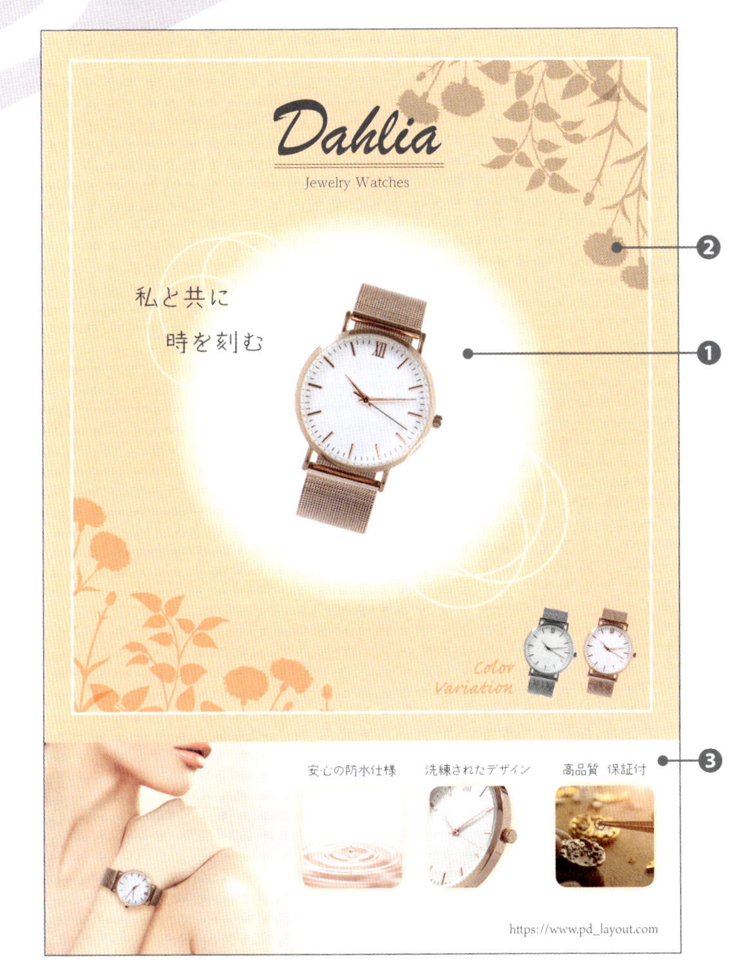

PRESENTATION

商品写真そのものをアイキャッチに！
整ったレイアウトできちんと感、
あしらいで女性らしさを表現しました。

❶ 腕時計にスポットが当たっているようなイメージで注目度を上げています。

❷ フォーマルな印象が崩れないように、花のシルエットを使って女性らしさを表現しました。

❸ 機能説明とモデル写真は下部にまとめて完全にエリア分けし、メインである上部が引き立つようなレイアウトにしました。

MINI LESSON

あしらい
- シルエット -

シルエットを使うと、写真よりも親しみやすく、イラストよりも大人っぽい印象を与えることができます。

CASE 11

ネイルポリッシュの雑誌広告

新作ネイルポリッシュの広告を作っていただきたいです。
若い女の子向けのファッション雑誌に掲載するものです。乙女心をくすぐる広告を、お願いいたします！

オーダーシート

クライアント名	サイズ
CUTIE DOLL PARIS	A4 縦

ターゲット
10～20 代の可愛いものが好きな女の子

依頼者の要望
女の子がワクワクするようなデザイン

掲載内容
・商品ロゴ、商品名
・会社ロゴ
・キャッチコピー
・説明文

支給データ

［画像］

CUTIE DOLL
PARIS
Dreamy Nail

［その他］

テキストデータ

モデルさんだけでも
映えそう～！

若い女の子向けか…
雑誌読んで研究だな

パステルカラー
かわいいねえ

カラー展開も
うまく見せられたら
良さそう…

仕上がりをチェック！

LAYOUT VARIATION

A

印象的な
モデル写真で
引き込む！

B

特集ページの
扉風デザインで
注目させる！

C

蝶が舞う
ロマンチックな
世界観を表現！

D

カラー
バリエーション
をわかりやすく！

PRESENTATION

情熱的で訴えかけるような視線が印象的なモデル写真を最大限拡大。見る人を引き込む広告を作りました。

❶ キャッチコピーは曲線状に入れることで揺らめくような表現にし、印象深くなるよう工夫しました。

❷ 限定色は円で囲むことで他と差別化しました。

❸ モデル写真のイメージや「夢みごこち」という言葉から連想してフェザーを追加し、幻想的に仕上げています。

MINI LESSON

あしらい
- フェザー -

フェザーのモチーフは、幻想的でロマンチックな印象を与えることができる他、ふんわりとした優しい印象から赤ちゃんのイメージにもぴったりです。またオレンジやターコイズブルーを用いると、ボヘミアンテイストにもマッチします。

女の子が好むモチーフを散りばめた
特集ページの扉風デザインに！
雑誌をめくる手を止めさせます。

❶ キャッチコピーはフチ文字と色ベタの文字をずらして重ね、今っぽさのある、メインタイトル風にデザインしました。

❷ モデル写真はあえて手元だけをクローズアップしてトリミングし、ネイルに注目が集まるようにしました。

❸ ガーリーで可愛らしい印象のレースを用いてコラージュ風にまとめました。

MINI LESSON

写真
- クローズアップ -

写真の一部を強調したい場合、思い切ってクローズアップするのも効果的です。一見不自然に感じられそうなトリミングが、かえってアイキャッチになる場合もあります。

PRESENTATION

蝶が舞うロマンチックなデザインに。
ちょっと背伸びしたいお年頃の
女の子が憧れる世界観を表現しました。

❶ キャッチコピーは点線で挟むことで強調。少しクセのある可愛らしいフォントを使って10～20代の女性に訴求しています。

❷ ネイルポリッシュを円弧に沿って整列。アシンメトリーなレイアウトの中で自然な流れで視線が向かうように工夫しました。

MINI LESSON

構成
- シンメトリー／アシンメトリー -

安定感や安心感を与えられるシンメトリー（左右対称）に対し、アシンメトリー（左右非対称）は不安定、言い換えると躍動的なイメージを作ることができ、インパクトを与えやすいレイアウトです。

シンメトリー

アシンメトリー

カラーバリエーションをわかりやすく！お気に入りの色を選びたくなるような広告を作りました。

❶ 商品の後ろにイメージカラーを帯状に敷き、視覚的に伝わりやすくしました。

❷ 商品ロゴやパッケージと同じテイストの華やかな飾り罫を用いたラベルを中央に配置し、メリハリをつけました。

❸ クロスハッチは人物の後ろに流れるように配置することで、奥行き感と動きを出しています。

MINI LESSON

あしらい

- ラベル -

情報をラベル風にまとめると、一つのマークのように認識されるためアイキャッチとしての効果を期待できます。

形状やあしらい次第でどんなデザインにも合わせることができます。

CASE 12

ショッピングモールのセールポスター

当施設は、アパレルショップを中心とするファッションに特化した駅直結型商業施設です。
春期のセール開催に向け、駅構内に掲載する告知ポスターの制作をお願いいたします。

オーダーシート

クライアント名
Lulumall TOYOSU

サイズ
B0 横

ターゲット
10 ～ 30 代のファッションに関心のある女性

依頼者の要望
明るくポップに、でも子供っぽくなりすぎないデザイン

掲載内容
- 施設ロゴ
- キャッチコピー
- 企画名
- 開催期間
- 説明文

支給データ

［画像］

［その他］
テキストデータ

写真のビビッドな
背景色が印象的ね！

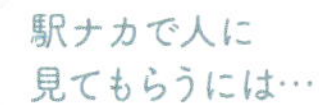

そのわくわくを
上手く表現したい
ところですね

仕上がりをチェック！

LAYOUT VARIATION

A

インパクトのある
モデル写真を
全面に使う！

B

お得な情報を
読ませて
興味を引く！

C

紙芝居風で
わくわく
楽しく！

D

コミック風の
コマ割レイアウトで
情報整理！

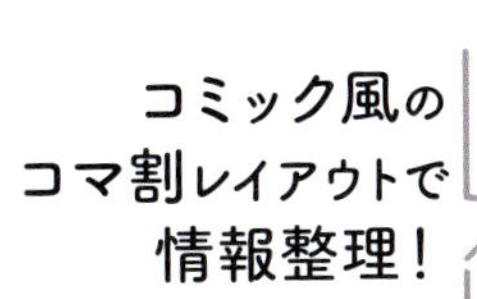

PRESENTATION

駅ナカでも目立つようにビビッドカラーの写真を大きく配置。
装飾は最小限に抑えてカラーバランスを大切にしました!

1. 写真は、印象的になるよう少し傾けて、動きを出しました。
2. シンプルな中に、ランダムな斜めのラインを入れてポップで楽しげな印象に。
3. 背景にもビビッドなカラーを使用し、全体を元気でポップな印象にまとめました。

MINI LESSON

配色
- ビビッドカラー -

ビビッドカラーとは、彩度の高い鮮やかな色のこと。複数色使う場合、組み合わせによって印象が変わります。

類似色

元気でポップな印象。楽しさや、明るさを表現できます。

補色

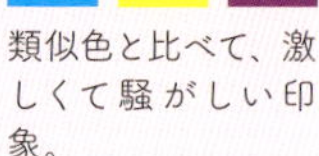

類似色と比べて、激しくて騒がしい印象。

PRESENTATION

**個性的なフォントを使ってセールのお得感をアピール！
白・黒・ピンク・オレンジのコントラストでキッチュな印象に。**

❶ 賑やかな駅ナカでも注目してもらえるように、あえてクセのあるデザインフォントを使用し、アイキャッチにしました。

❷ 文字を枠で囲み強調しています！

❸ 大人っぽいポップさを出せるシンプルな模様をポイントで足し、全体のバランスをとりました。

MINI LESSON

文字
- 和文デザインフォント -

和文のデザインフォントは、情報として読ませたいのか、デザインとして魅せたいのかを決めて選ぶと失敗しません。

TB シネマ丸ゴシック Std M
情報として読ませたい

VDL ロゴ Jr ブラック BK
デザインとして魅せたい

C

写真や文字のサイズで奥行きと立体感を演出。
わくわくが飛び出してくるようなイメージに仕上げました。

1. さまざまなシーンに合わせておしゃれを楽しむ女の子を主人公に見立て奥行き感のある紙芝居風に仕上げました!
2. 文字のサイズを徐々に大きくし、勢いを出しました。
3. 写真のピンク、オレンジとトーンを合わせたターコイズブルーを使い、より賑やかに仕上げました。

MINI LESSON

文字
- サイズ -

文字のサイズを一文字ずつ変えるとさまざまな表情を作ることができます。

勢いやスピード感を出す
不安にさせる
強調する

PRESENTATION

インパクトのある写真をコミック風のコマ割レイアウトで整理。
スマートななかにも遊び心のあるデザインにまとめました。

❶ モデルはもちろん、鮮やかな色面も最大限活きるように、コマ割で色を整理しました。

❷ フォントは読みやすさ重視で太めのゴシック体を選びました。

❸ 文字情報のコマには細いストライプを使い、カジュアルでありながらも洗練された印象を与えます！

MINI LESSON

あしらい
-ストライプ-

ストライプ柄の上に文字を置くときは、太さのバランスが大事。細いもの同士だとチカチカし、太いもの同士だと野暮ったく見えてしまうことがあります。細×太の組み合わせがおすすめです。

STRIPE　STRIPE

アオヤマの

追加受注いただきました！

- クーポンレイアウト -

エステサロンの電車内広告が好評で、クーポンも追加受注できたぞ！
お得なクーポンだから目立たせたいけど、上品さも必要だな。

LAYOUT POINT

❶ 装飾やカラーリングで派手にするのではなく、余白を設けることで、目立つけれど上品さも感じられるデザインに仕上げました。

❷ 「癒し」のイメージを与えるライトパープルを取り入れて、落ち着いた雰囲気の中に華やかさをプラスしました。

特別感が感じられていいわね！

SECTION

3

TRAVEL,LEISURE

CASE 13

旅行代理店のキャンペーンポスター

夏の期間限定で女性向けのキャンペーンを行うことになったので、ポスター制作をお願いします。
出来上がったポスターは各店舗内の他、近隣の駅構内などにも掲示していただく予定です。

オーダーシート

クライアント名	サイズ
P.T.C	A2 縦

ターゲット

夏休みを利用しリゾート旅行を考えている若い女性

依頼者の要望

他社より弊社を選んでもらいたいので
見た人にキャンペーンを知ってもらえるデザイン

掲載内容

- ・キャンペーン名
- ・開催期間
- ・キャンペーン内容
- ・会社ロゴ
- ・住所、電話番号、URL
- ・キャッチコピー

支給データ

［画像］

P.T.C

P.T.C

［その他］

テキストデータ

青い海と空…
リゾートって
サイコーよね～！

夏のキャンペーン
どの会社もやりそうだもんなあ

写真を見てると
楽しくなるね

キャンペーン内容も
きちんと伝えたいです

仕上がりをチェック！

LAYOUT VARIATION

A

広がる青空と
きらめく海を
最大限活かす！

B

飛行機雲と
斜め文字で
勢いよく！

C

女の子の脳内を
コラージュ風に
楽しく表現！

D

キャンペーン
内容が一目で
伝わる！

PRESENTATION

広がる青空ときらめく海で
夏のリゾートに行きたくなる気持ちに
訴求しました。

❶ 海外旅行を考えている人は、この写真のような風景に敏感だと思うので、空と海が全面に広がるよう裁ち落としで大胆に見せました！

❷ 赤い旗のモチーフを使って、キャンペーン内容にも注目してもらえるよう工夫しています。

MINI LESSON

写真
- 裁ち落とし -

裁ち落としとは、余白を持たせず紙面いっぱいに写真を配置することです。

裁ち落としだとダイナミックで壮大な印象。

余白があると上品で落ちついた印象。

PRESENTATION

飛行機雲と斜め文字を使って
勢いを演出し、楽しくお得な
情報であることをアピールしました！

1. 飛行機雲は、海外旅行から連想して出てきたモチーフです。動き、流れ、程良い勢いが出せたと思います！
2. イエローは目立つ反面安っぽい印象を与える場合があるので、爽やかなストライプを使っておしゃれに仕上げました。
3. 人物の一部を切り抜いて、キャンペーンを盛り上げているような演出をしています。

MINI LESSON

文字
- 斜め配置 -

文字を斜めに配置すると、勢いやスピード感以外にもこんな演出ができます。

PRESENTATION

空と海の背景にアイテムを散りばめて
女の子の脳内を視覚化しました。
おしゃれに楽しむ夏旅をイメージ！

❶ 少し写真を追加し、リゾート旅行に欠かせない楽しいアイテムを散りばめました！ラフな切り抜きで親近感を出したのもポイントです！

❷ 写真をランダムに配置したので、キャンペーン名をロゴ風にアレンジ。紙面を整理しました。

MINI LESSON

写真
-コラージュ風-

写真をラフに切り抜くと、アナログ感が出て簡単にコラージュ風にすることができます。背景の要素が多い場合は一度キレイに切り抜いてから、無地の背景と合わせた方が見栄えがよくなります。

×

○

PRESENTATION

文字の周囲は余白広めで読みやすく。写真は上にメイン、下にサブを配置し自然な流れで情報を伝えています。

❶ 大切な文字情報の周りだけあえて白地にすることで、視線を誘導しています。

❷ 波をイメージしたトリミングで、整理された紙面の中にも遊び心が感じられるようにしました。

❸ 人間の視線は上から下に流れます。そのため、上にアイキャッチの大きな写真、下に細かい情報を伝えるサブ写真3点を配置しました。

MINI LESSON

あしらい
- 波形 -

大ぶりの波形を使うと楽しさやポップなイメージ付けができます。波形を小ぶりにするとレースのようにも見えて、フェミニンで可愛らしい印象になります。

feminine
STYLE

CASE 14

温泉宿のPRチラシ

客層を広げたいので、若い方にも興味を持っていただけるようなデザインをお願いします。温泉街全体の風情あふれるノスタルジックな雰囲気が表現できれば、魅力が伝わると思います。

オーダーシート

クライアント名	サイズ
銀山温泉 中村荘	A4 縦

ターゲット

20 ～ 30 代の独身女性

依頼者の要望

品を保ちつつ、若者にも魅力を伝えられるデザイン

掲載内容

- 施設ロゴ
- 住所、電話番号、URL
- 地図
- キャッチコピー
- 説明文

支給データ

［画像］

銀山温泉 中村荘

銀山温泉 中村荘

銀山温泉 中村荘

銀山温泉 中村荘

［その他］

地図、テキストデータ

こんな素敵な街
私も行ってみたい！

「大正ロマン」って
キーワードだけでも
立ち止まる人いそうだな

大正ロマンといえば
お花や蝶々のモチーフが
特徴的で可愛いよね

配色にも特徴が
ありますよね！

仕上がりをチェック！

LAYOUT VARIATION

A

幻想的な風景で
非日常感を
アピール！

B

「大正ロマン」を
ストレートに
強調！

C

可愛らしい
柄とイラストで
女性ウケ！

D

色障子風の
グリッドレイアウト
でレトロモダン！

PRESENTATION

幻想的な風景写真を全面に配置。
旅行に非日常感を求める若い女性の
目に留まるようなチラシを作りました。

1. 大正ロマンのイメージに合うレトロモダンな印象のフレームを使って、紙面を引き締めています。
2. 写真の大胆さとは対照的に、文字は小さく配置することで上品に。筆書体を用いて伝統的な印象を与えます。
3. 行間を広めにとることで、ゆったりとした雰囲気を演出しました。

MINI LESSON

文字
- 行間 -

長い文章を配置する際、意図的に行間を広めに設けると、ゆったりとした落ち着いた印象を与えることができます。

じっくり噛み締めながら読ませたい文章にもマッチします。

PRESENTATION

「大正ロマン」の文字そのものが
アイキャッチになるよう大胆に配置！
直球で魅力を伝えます。

❶ 写真は背景に敷き詰め、街や宿の雰囲気が伝わるようにしました。

❷ 写真の背景に負けないよう、白抜き文字を使ってキャッチコピーを目立たせています。

MINI LESSON

文字
- 白抜き文字 -

濃い地色の上に白抜き文字を配置すると、明度差が生じるため目立たせることができます。ただし、フォントが細すぎると印刷時に潰れてしまう可能性があるため注意が必要です。

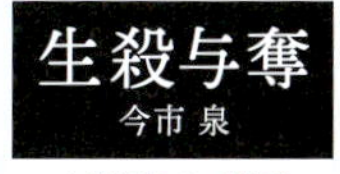

PRESENTATION

若い女性に向けて可愛らしく。
蝶のイラストや和柄を使って
上品にまとめました。

1. キャッチコピーにも蝶のイラストを組み合わせ、ちょっとした遊び心を織り交ぜました。
2. 丸窓をイメージした枠に写真を配置して、窓から旅先をのぞき見るようなワクワク感を演出しました。
3. 蝶や霞、市松などの和文様をあしらって和の趣きを表現しています。

MINI LESSON

あしらい
- 大正ロマン風 -

椿やバラなどの艶やかな花、モダンな印象の蝶やいちごなどが大正ロマンの代表的なモチーフと言えます。市松模様、矢絣柄、ストライプなどを取り入れるとより世界観がまとまります。

PRESENTATION

色障子風のグリッドレイアウトで整頓。大正ロマンらしいカラーリングでレトロでハイカラな印象に仕上げました！

❶ 大正ロマン独特のディープトーンを使用し、華やかでありつつ品のある配色でまとめました。

❷ 黒いグリッドラインに埋もれないよう、キャッチコピーには印象的なデザインフォントを使っています。

MINI LESSON

配色
- ディープトーン -

純色に少し黒を混ぜた色のトーンをディープトーンと呼びます。高彩度ながら落ち着いた印象があり、和のイメージに合わせやすいトーンです。

CASE 15

高級ホテルのPRポスター

現在ほとんどのお客様がリピーターのため、もっと多くの方に当ホテルを知っていただきたいと思っています。足を運んでくださる新規のお客様が、少しでも増えれば幸いです。

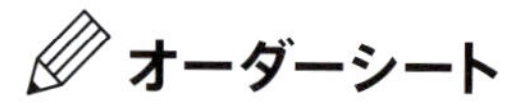

オーダーシート

クライアント名	サイズ
HOTEL GRAND TOWER	B3 横

ターゲット

30 ～ 50 代の、たまには贅沢したいと考える人

依頼者の要望

高級感がありつつ敷居が高すぎないデザイン

掲載内容

・施設名
・施設ロゴ
・住所、電話番号、URL
・キャッチコピー

支給データ

［画像］

(H)
HOTEL GRAND TOWER
SINCE 1955

(H)
HOTEL GRAND TOWER
SINCE 1955

［その他］

テキストデータ

素敵なホテルね！

泊まってみたいとは
思うけどな～

一歩踏み込むのに
勇気がいるんだよねぇ

記念日などの
特別な日に
良さそうですね

仕上がりをチェック！

LAYOUT VARIATION

A

シャンデリアを
大きく見せて
ゴージャスに！

B

誘惑の
キャッチコピーで
その気にさせる！

C

曲線を使って
優雅な雰囲気を
演出！

D

シンメトリーで
落ち着きと
重厚感を！

PRESENTATION

シャンデリアのある豪華な空間を見せて高級感をアピール。
文字や装飾は控えめに配置して上品な印象にまとめました。

1. 素敵なロビーの写真を最大限大きく見せるために、大胆な裁ち落とし配置にしました。
2. 情報は全て右に寄せてわかりやすく、かつ写真の邪魔にならないようにしています。
3. 細いゴールドのラインで、洗練された高級感を演出しました。

MINI LESSON

配色
- ゴールド -

特色や金箔を使わなくてもグラデーションでゴールド表現をすることができます。広範囲に使うと上品さに欠けることがあるのでポイント使いがオススメです。

△

PRESENTATION

気持ちの高まるキャッチコピーを読ませて、心を動かします！
文字の配置を工夫して絶妙な誘惑感を演出しました。

❶ 「優雅」「至福」の文字をそれぞれ少しずつ上下にずらして配置し印象深くなるよう工夫しました。また濃色の背景に白抜き文字を使い、目立たせています。

❷ 濃いブラウンの壁紙風のストライプ柄を使って、シックで大人な印象にまとめました。

MINI LESSON

文字
-上下にずらして配置-

文中の一部を強めたいとき、インパクトをプラスしたいときには、一文字ずつ上下にずらすことで簡単に表現力をUPさせることができます。

見上げた夜空にたくさんの星
▼
見上げた夜空にたくさんの星

「夜空」が強調されて、ドラマチックな印象に。

PRESENTATION

大胆な曲線のレイアウトで、お堅い印象を解消！
高級感は配色やあしらいで演出し優雅なデザインに仕上げました。

1. 写真同士の境界部分をぼかすことで、柔らかな印象にしました。
2. ポイントで色ぼかしを入れ、「優雅」「至福」という言葉に特別感を持たせています。
3. 背景にはサテン生地のような明るめのベージュを使い、高級感のある中にも軽やかさを感じさせます。

MINI LESSON

あしらい
- ぼかし -

ぼかし表現を使うと、柔らかで優しい印象や、曖昧で幻想的な印象を与えます。

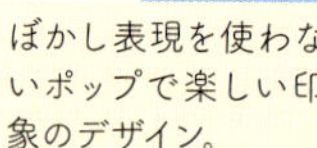
ぼかし表現を使わないポップで楽しい印象のデザイン。

写真とハートをぼかした優しく繊細な印象のデザイン。

PRESENTATION

シンメトリーな紙面デザインで落ち着きと重厚感を演出。
程よいホワイトスペースを意識し、明るさをプラスしました。

❶ 左右にブラウンの帯を入れることでシンメトリーを強調しました。ホワイトスペースとのバランスも取れ、紙面が引き締まったと思います。

❷ 繊細な飾り罫を使って、ラグジュアリー感を演出しています。

MINI LESSON

あしらい
- 飾り罫 -

クラシカルな飾り罫を取り入れると、エレガントで高級なイメージを作ることができます。飾りが大ぶりなものはゴージャスな印象、小ぶりなものは上品な印象を与えます。

CASE 16

美術館の企画展案内DM

館内の案内所に設置したり、チケット販売時に配布する企画展紹介のDMを制作してください。当館は近辺に大学や専門学校が多いため、若い学生の方にも来館していただきたいと思っています。

オーダーシート

クライアント名
市立工芸美術館

サイズ
はがき 縦

ターゲット
着物が好きな女性全般

依頼者の要望
華やかさと上品さを兼ね備えたデザイン
また若者にも興味を持ってもらえそうなデザイン

掲載内容
- 施設ロゴ
- 企画名
- 開催期間
- 説明文

支給データ

［画像］

市立工芸美術館
Municipal Crafts Museum

［その他］
テキストデータ

仕上がりをチェック！

LAYOUT VARIATION

A

魅力的な着物を
素直に
見せる！

B

柄を覗かせて
好奇心を
くすぐる！

C

鶴と鳳凰を
切り取って
上品に！

D

パズルのように
組み合わせて
美しく整頓！

PRESENTATION

魅力的な着物を全面に配置。
美しさを素直に伝えられる
シンプルなデザインにしました。

1. 文字情報は全て右側に寄せ、すっきりと見やすくまとめました。
2. メインタイトルにはしなやかな筆書体を使い、美しさ、上品さをアピールしています。
3. 着物が主役になるよう、装飾はシンプルな直線や円のみに留めました。

MINI LESSON

文字
- 筆書体 -

筆で書いたような書体のことを総称して筆書体と呼びます。具体的には、教科書にも使われる美しく読みやすい楷書体や、書道家が書いたような達筆の草書体の他、以下のような種類もあります。

DNP 秀英四号かな Std
しなやかさのある行書体

VDL 京千社
個性的なデザイン毛筆

PRESENTATION

生地を文字の形にトリミング！
柄の全てを見せきらず一部だけを
覗かせて好奇心をくすぐります。

❶ 柄を覗かせていることが伝わるよう、「きもの」の3文字は大きく配置しました。

❷ 左右に細く文様や色面を入れて縦のラインを強調し、全体を引き締めました。華やかながらスッキリした印象になったと思います。

MINI LESSON

写真

- トリミング形状とリンク -

写真の被写体や内容と、トリミングの形状をリンクさせると、意味合いが強調されて印象深くなったり、遊び心を感じさせることができます。

C

PRESENTATION

**鶴と鳳凰を大きく配置し文様の美しさをストレートに伝えました。
繊細な和の世界観も表現しています。**

❶ 対角線を意識したレイアウトで、動きと安定感のバランスをとっています。

❷ シルエットの花のイラストを追加し、和の世界観を守りながら華やかさをプラスしました。

MINI LESSON

構成
- 対角線 -

全体がアシンメトリーなレイアウトでも、対角線を意識してオブジェクトを配置することで、安定感を出すことができます。

PRESENTATION

**それぞれ四角形に整えた要素を
パズルのように組んで整頓!
美しくまとめました。**

❶ 字間を広めにして四角形におさまるように組み、ロゴ風に見せました。

❷ デザインとして英字を追加しました。和の印象が強いメインフォントとスタイリッシュな英字の組み合わせで、モダンでおしゃれな印象を与えます。

MINI LESSON

文字
- 四角形に組む -

文字を正方形に収まるようにレイアウトすると、シンボリックでおしゃれなロゴ風にデザインすることができます。

あの日の僕と
君が乗ってい
たバスと
-5.15fri. ROADSHOW-

割り切って四角に収めることを優先し、文節を無視して改行するのもあり。

CASE 17

オーケストラコンサートのフライヤー

今回の演目構成は「20世紀のアメリカ音楽」をテーマにしています。
テーマに合わせたデザインにすることで、他のコンサートフライヤーとの差を出してほしいです！

オーダーシート

クライアント名
William Orchestra

サイズ
A4 縦

ターゲット
30 代～ 50 代のクラシック音楽が好きな男女

依頼者の要望
「レトロ」や「ヴィンテージ」をテーマにしたデザイン

掲載内容
・団体名
・コンサート名
・開催日時
・住所
・説明文

支給データ

［画像］

［その他］
テキストデータ

少し調べたら
黒くてかっちりした
デザインが圧倒的に
多い印象

その中に紛れてしまうのは
NGってことだな

レトロやヴィンテージなら
かっちりしなくてもいいかも～

色も黒よりも
茶系のほうが
合いそうです！

仕上がりをチェック！

LAYOUT VARIATION

A

フレームを使って
シックな
古書風に！

B

レトロな
映画ポスター風
で特徴的に！

C

古い紙の
テクスチャーで
ヴィンテージ感！

D

昔を
思い返すような
フィルム風！

PRESENTATION

古書を思わせるデザインでシックに。カラーリングやフレーム使いで年代を感じさせる雰囲気を演出しました。

❶ 全面に使用したフレームはかすれさせることで味わいのある印象を与えます。

❷ 手書き感のあるスクリプト書体もヴィンテージテイストによく合うと思います。

❸ ベースや文字色には白ではなくベージュを使って、全体をレトロなイメージでまとめています。

MINI LESSON

あしらい
- かすれ -

モチーフにかすれ表現を施すと古めかしい印象になるため、ヴィンテージ、レトロ、アンティーク調に仕上げたい場合に有効です。文字をかすれさせる場合は、可読性を損なわないよう注意が必要です。

PRESENTATION

レトロな映画ポスター風でおしゃれに。コンサートフライヤーらしからぬ特徴的なデザインで差をつけます！

❶ タイトルと開催日を組み合わせてロゴ風にし、メインの要素として大胆に配置しました。

❷ 意図的に色数を落としたので、もの寂しくならないように背景に薄く集中線を入れています。

❸ 写真はモノクロ化した後にコントラストを調整し、20世紀を彷彿とさせる雰囲気に仕上げました。

MINI LESSON

写真
-コントラスト-

コントラストを強めると明度差が顕著になりはっきりとした印象に、反対にコントラストを弱めると曖昧でぼんやりとした優しい印象になります。

コントラスト弱	調整なし	コントラスト強

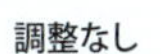

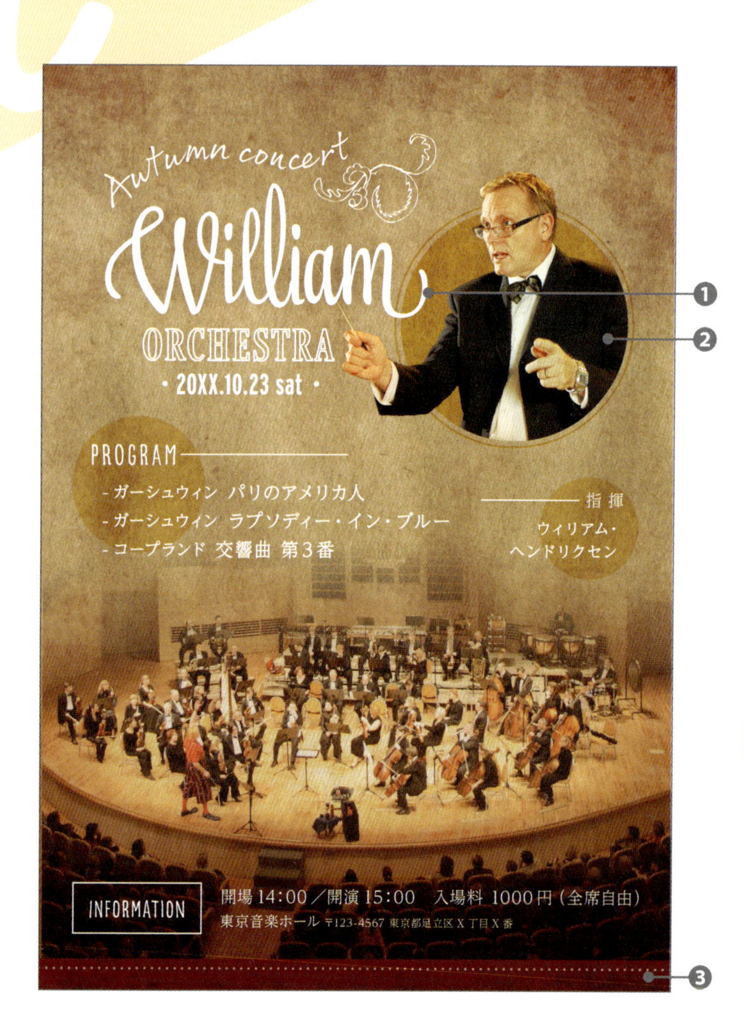

PRESENTATION

古い紙のテクスチャーを全面に使って定番デザインと差別化！ヴィンテージ感をただよわせました。

1. スクリプト、セリフ、手書きフォントを組み合わせてヴィンテージ感のあるタイトルロゴを作りました。
2. 人物写真もタイトルデザインの一部に組み込み、定番コンサートフライヤーとは違った見え方になるよう工夫しました。
3. 上下にボルドーのラインを配置することで、紙面を引き締めています。

MINI LESSON

文字
-フォントの組み合わせ-

印象の異なる複数のフォントを組み合わせるとハンドレタリングのような面白い表現ができます。太いゴシックとスクリプト体など、正反対の印象のフォントの組み合わせがおすすめです。

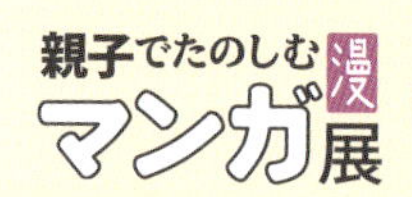

PRESENTATION

レトロ感のあるフィルム風デザインで昔を思い返すかのようなイメージに。縦割りレイアウトが目を引きます。

1. リアルなシルエットのイラストを暗いネイビーの中に浮かばせ、ムーディーな雰囲気を演出しました。

2. 配色はダルトーンを用いて、穏やかで落ち着いた印象を与えます。

MINI LESSON

配色
- ダルトーン -

ダルトーンは明るい色に少し黒を混ぜた、やや濁った調子の色調です。落ち着きのある穏やかな色で、大人っぽさを出したいときに活躍します。

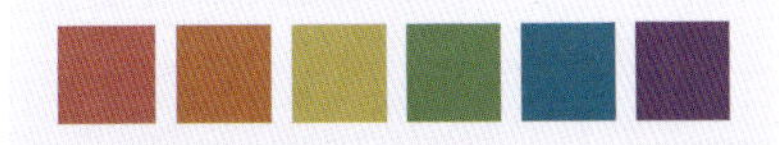

CASE 18

動物園のPRポスター

最近、かわいい写真を撮りたい方や非日常を味わいたい大人のお客様が増えてきました。
今回依頼するポスターは、そういった方々に向けたものを想定しています。

オーダーシート

クライアント名	サイズ
南区立 ふせ動物園	B2 横

ターゲット

カメラが趣味の方、動物が好きなすべての方

依頼者の要望

ファミリー層だけでなく大人も楽しめる
というイメージが伝わるデザイン

掲載内容

- 施設ロゴ
- 住所、電話番号、URL
- キャッチコピー
- 説明文

支給データ

［画像］

［その他］

テキストデータ

大人になってから
行く動物園って
また楽しいのよね

新しい発見が
あったりしてな！

可愛い動物…
癒されるなあ

撮った写真を
SNSで共有するのも
醍醐味みたいですね

仕上がりをチェック！

LAYOUT VARIATION

A 動物写真を大きく使ってストレートに！

B 気になるメッセージで興味を引く！

C 円形をメインモチーフにしてほっこり感！

D 正方形写真のSNS風でキャッチーに！

PRESENTATION

コアラの写真を紙面いっぱいに大きく見せて、アイキャッチに。白地とのコントラストでパキっと目立つポスターに仕上げました。

❶ シンプルなデザインの中に、手書き文字などアナログ感のある表現をプラスすることで、動物園らしいほのぼの感を出しました。

❷ どの動物も大きく見せたいですが思い切ってコアラをメインにし、他の動物は切り抜いて小さく配置しました。コアラに会いたくなる印象的な1枚に仕上がったと思います。

MINI LESSON

写真

- トリミング方法の組み合わせ -

同じ紙面上に複数の写真を配置する際、角版＋切り抜き写真など、トリミング方法を混在させると、メリハリや動きを出すことができます。

PRESENTATION

気になるメッセージを紙面いっぱいに配置してアピール！
文字どおり「じっくり」見たくなるようなポスターを作りました。

1. 文字と動物たちを絡ませて動物園の楽しい雰囲気を表現しました。

2. 吹き出しを使うことで、コミカルさを表現しています。

3. 全体をオレンジのフレームで囲むことで明るくて楽しそうなイメージにまとめました。

MINI LESSON

文字

- 物として扱う -

普通、現実世界に「物」としては存在しない"文字"を「物」のように扱うと、印象的でユニークなビジュアルを作ることができます。

C

PRESENTATION

円形の写真とオブジェクトを使ってほっこり和やかな印象に。
動物たちの素朴で愛らしい表情をアピールしました。

❶ 圏点を付けることで「じっくり」の文字を強調しています。

❷ 各動物の説明文は、曲線状、円弧状、直線状とあえて統一せずさまざまな形状で配置しました。ほっこりとした雰囲気の中にも遊び心を感じさせます。

MINI LESSON

文字
- 圏点 -

キャッチコピーや文章の一部に圏点を付けると、強調できるのはもちろん、ビジュアル的にもアクセントになったり動きを出すことができます。丸型の丸傍点、句読点のようなゴマ傍点など、点の形によっても雰囲気が変わります。

丸傍点　ゴマ傍点

PRESENTATION

正方形写真でSNSの投稿画面風に。
カメラ好きの方にも興味を持ってもらえると思います。

❶ 写真はあえて色褪せているような加工を施し、生っぽさを解消。SNSのフィルター加工のような色味に統一しています。

❷ イエローをアクセントカラーにし、ポイントで使うことでメリハリを出しました。

MINI LESSON

写真
- 退色加工 -

写真の色味やコントラストをコントロールし色褪せているように見せることで、おしゃれさやレトロな雰囲気を演出することができます。

\\ カリーの //

追加受注いただきました！

- チケットレイアウト -

美術館の企画展案内DMが好評で、追加でチケットも受注いただきました。
DMのデザインを踏襲したものがご希望みたい。

LAYOUT POINT

❶ 細長い形状の限られたスペースの中でも、窮屈な印象にならないようゆったりとしたレイアウトを心がけました。

❷ 切り離す部分は特にスペースが狭いので、最低限の要素でシンプルに仕上げました。ゴールドのベタを敷くことで、全体が引き締まったと思います。

細長くても
対角線を意識すると
バランスが取りやすいのは
変わらないですね

SECTION

4

LIVING

CASE 19

図書館のイベントポスター

プロの方をお招きして子供向けの読み聞かせイベントを行うので、ポスターを制作していただきたいです。館内、区役所、周辺地域の幼稚園や保育所、児童館などに掲示します。

オーダーシート

クライアント名	サイズ
あだち図書館	A4 縦

ターゲット
小さい子供を持つ親

依頼者の要望
子供向けのイベントだと一目でわかるデザイン

掲載内容
- イベント名
- 開催日時
- 施設ロゴ
- 住所、電話番号
- 説明文

支給データ

［画像］

あだち図書館

［その他］

テキストデータ

楽しそうな感じを
出せばいいかしら

でも元気すぎる
イメージは違うよな

内容が
読み聞かせだしね～

優しい雰囲気も
プラスすれば
良さそうです！

仕上がりをチェック！

Layout Variation

A

本のデザインで
視覚的に
伝わりやすく！

B

カラフルな
手書き文字を
アイキャッチに！

C

ほっこり優しい
イラストで
絵本のように！

D

パターンと白地で
読みやすさと
楽しさを両立！

PRESENTATION

開いた本のイラストを背景に配置。初めて見た人でも一目で内容が伝わりやすいポスターを作りました。

❶ メインの文字やあしらいは、子供の手描きをイメージして色鉛筆やクレヨンを使ったようなタッチにしました。

❷ 全体をライトトーンでまとめることで、明るく優しい雰囲気を演出しています。

MINI LESSON

配色

- ライトトーン -

ライトトーンは純色に白を混ぜた色で、明るく爽やかな印象を与えます。パステルカラーもこれに含まれ、子供向けや女性向けのデザインに活躍します。

手書き文字をアイキャッチに！
子供らしいカラフルなカラーリングで
ロゴ風にデザインしました。

❶ 文字にイラスト組み合わせることでよりキャッチーに仕上げました。オリジナリティも出たと思います。

❷ 単調で事務的に見えないように、一部を吹き出しに入れました。
親しみやすい印象でありながら情報整理にも一役買っています。

MINI LESSON

あしらい

- 吹き出し -

吹き出しを使うと、親しみやすいフランクな印象を与えることができます。どんなデザインでも比較的取り入れやすく、簡単に動きを出すことができるのも魅力です。

PRESENTATION

**イラストをメインにして絵本風に。
お日様や蝶、花をあしらって
ほのぼのとした雰囲気にまとめました。**

❶ デフォルメしたイラストを使って親しみやすい雰囲気を出しました。

❷ 写真は太陽と同じラフな円形でトリミングし、角のない柔らかな印象をもたせました。

❸ カラフルでありながらも彩度を抑えめにしたことで、"賑やか"とは違う、ほのぼのとした楽しさを表現できたと思います。

MINI LESSON

あしらい
- デフォルメ -

デフォルメとは、主に対象の特徴を誇張しつつ簡略化したイラストの表現方法です。細かな表現がなくなったり、丸みを帯びたフォルムになる場合が多いため、親しみやすさを表現することができます。

PRESENTATION

中央は白地ですっきり読みやすく！背景や装飾に子供らしいモチーフを取り入れて楽しさも演出しています。

❶ 子供部屋の壁紙をイメージした雲のパターンで楽しげな印象を与えます。

❷ 退屈さを感じさせないよう、ガーランドを配置してイベント感を演出しました。

MINI LESSON

あしらい
- ガーランド -

ガーランドとは主にパーティーなどでよく使用される室内装飾のことですが、ライン状になっているためデザインの要素として取り入れやすく、簡単に紙面を華やかにすることができます。

CASE 20

学習塾のPRポスター

次年度の新入学生募集に合わせてポスター制作をお願いします！
もっと学びたいと思っている子供たちに、僕らの真剣な思いを知ってもらいたいんです！

オーダーシート

クライアント名	サイズ
全力ゼミナール	A3 縦

ターゲット
学びたいという真剣な気持ちを持つ中高生とその親

依頼者の要望
メッセージ性の強い、印象的なデザイン

掲載内容
- 施設ロゴ
- 住所、電話番号、URL
- キャッチコピー
- 説明文

支給データ

[画像]

全力ゼミナール
全力
ゼミナール
全力ゼミナール
全力
ゼミナール

[その他]

テキストデータ

思いの強さが
すごいわね…！

女の子の写真だけでも
インパクトはあるけど…

印象的になるように
何か工夫しなきゃね

ターゲットは子供よりも
親と思ったほうが
いいかもしれませんね

仕上がりをチェック！

LAYOUT VARIATION

A

人物写真の
強い視線で
真剣さを強調！

B

キャッチコピー
と写真を重ねた
合わせ技！

C

オリジナリティ
を持たせて
印象深く！

D

まっすぐ素直に
メッセージを
伝える！

PRESENTATION

インパクトの強い人物写真を
トリッキーな斜めのトリミングで配置。
印象深くなるよう仕上げました！

1. 人物が左寄りになるようにトリミングし、視線の先に空間を作ることでストーリー性を持たせました。
2. 紙面を斜めに分割することで勢いが生まれ、個性的で印象深いデザインになったと思います。
3. 紺色を使い、真剣で誠実な印象を与えます。

MINI LESSON

構成
- 斜め分割 -

紙面を斜めに分割すると動きが出ますが、直線が与える鋭い印象も残ります。そのため、勢いを出したいときやスタイリッシュにまとめたいときに効果的です。

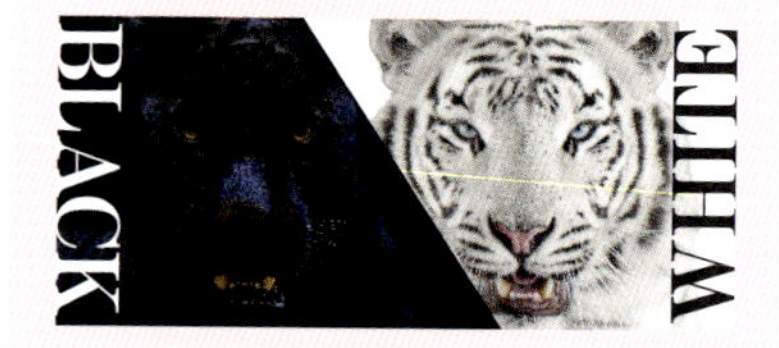

03-1234-567X
〒123-4567 東京都足立区X丁目X番 パワービル2F

PRESENTATION

写真の上にキャッチコピーを重ねて強い思いをストレートに伝えます。飾りすぎず誠実な印象にまとめました。

❶ 左右が見切れるほど大きく配置したキャッチコピーで注目度を上げています。印象的な写真と重ね、相乗効果でインパクトが強まっていると思います！

❷ 「新入学生受付中」も大事な情報だと思い、旗をイメージしたロゴ風にまとめてアピールしました。

MINI LESSON

文字
- 写真に重ねる -

文字を上に重ねると被写体を遮ってしまうと思いがちですが、うまくバランスが取れればインパクトが強く迫力のあるデザインを作ることができます。

PRESENTATION

幻想と現実の中間を思わせる
独特な世界観でオリジナリティを強調。
他にはないポスターを作りました。

❶ 八角形をメインモチーフに、写真、色面、線を組み合わせて奥行きを持たせ、写真の内容はとても現実的なのに、どこか幻想のようにも感じる印象的なデザインにまとめました。

❷ ブルーと白でまとめた落ち着いた配色ですが、イエローをアクセントカラーとしてキャッチコピーを目立たせました。

❸ 学び、勉強から連想し、背景に方眼紙のテクスチャを用いました。

MINI LESSON

配色
-アクセントカラー-

紙面上の広い面積を占めるメインカラーに対し、狭い面積にポイントで使用する"一番目立つ色"をアクセントカラーと呼びます。

メインカラーの反対色（補色）をアクセントカラーに。

同系色でも、彩度、明度が異なればアクセントになります。

PRESENTATION

強い意志を感じさせる女の子の視線を読み手と目が合うように配置！写真を活かしシンプルに仕上げました。

❶ 人物写真はあえてストーリー性を感じさせないセンター配置で、まっすぐな視線を強調し、印象深くしました。

❷ 下部にまとめた文字情報は縦書きにし、真面目さ、真剣さを表現しています。

MINI LESSON

文字
- 縦書き -

縦書きが主流なものとして、新聞、小説、賞状などが挙げられます。これらの印象から、レイアウトに縦書きを取り入れると真面目さや誠実さ、厳格なイメージを与えることができます。

有機栽培米
つやふわり
無農薬にこだわって
心を込めて
作りました
米

初売り
元旦 午前十時～
二千円以上お買い上げで
おみくじチャンス！

CASE 21

英会話教室の電車内広告

主に電車通勤中の社会人に向けたドア横ポスターを作ってください。
英会話なので、わかりやすく"吹き出し"を使ったデザインなんてどうですか？　よろしくお願いします！

オーダーシート

クライアント名	サイズ
英会話 EIGO	B3 横

ターゲット
男女問わず 20 代～ 30 代の社会人

依頼者の要望
電車内で目に留まりやすいキャッチーなデザイン

掲載内容
- 施設ロゴ
- 住所、電話番号
- キャッチコピー
- 説明文

支給データ

［画像］

英会話
EIGO

［その他］

テキストデータ

吹き出し
わかりやすくて
良さそうね！

一口に吹き出しと言っても
色々な表現があるけどな

どんな風にするか
迷うねえ～

モデル写真も
いかようにも
アレンジできそうです！

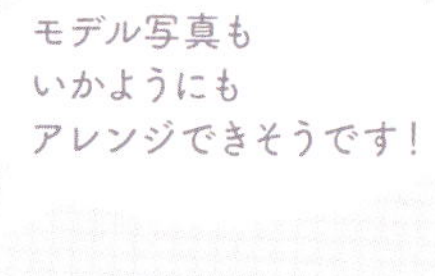

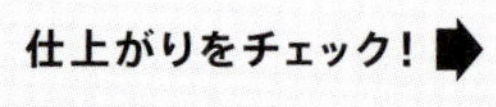

仕上がりをチェック！

LAYOUT VARIATION

A

背景に海外の写真を
追加して
イメージしやすく！

B

アメコミ風の
ポップな表現で
インパクト大！

C

身近な存在の
ノートを使って
親近感！

D

カラフルな
コミック風で
楽しく！

PRESENTATION

海外の風景写真を追加してモデル写真と合成！
海外出張や海外旅行を想像させることで、意欲を掻き立てます。

❶ 写真はランダムに散らし、楽しそうなイメージを作りました。

❷ 先生の写真は大きく拡大し、散らした写真とは差別化することでメリハリを出しました。

❸ フレームからモデル写真の一部や吹き出しを飛び出させることで奥行きを作り、印象深いポスターになるよう仕上げました。

MINI LESSON

写真
- 一部を飛び出させる -

被写体の一部だけを切り抜くことで背景から飛び出しているかのように見え、コミカルな表現にすることができます。楽しさや親しみやすさを演出したいときに効果的です。

PRESENTATION

アメコミ風の表現を用いて強いインパクトを。
エッジーな黒ラインを効かせてポップにまとめました。

1. 集中線を使って注目度が上がるよう工夫しました。
2. ドットを取り入れることでアメコミらしさを出しています。
3. モデル写真にもアメコミイラスト風の加工を施し、世界観をまとめました。

MINI LESSON

あしらい
-アメコミ風-

コントラストの強いカラーリングや、ドットを用いたグラフィカルな表現が特徴的なアメコミ風デザイン。ポップでインパクトが強く、元気さや楽しさ、激しさを表したいときに向いています。

PRESENTATION

**身近な存在のノートを使うことで親近感のあるポスターに。
コントラストの強い配色で、電車内でも目を惹きます！**

❶ キャッチコピーは遊び心を込めて答案用紙風にしました。手書き文字を乗せることでリアル感を出しています。

❷ モデル写真の顔と手だけを切り抜き、コミカルな表現にすることで印象的なデザインになったと思います。

MINI LESSON

あしらい
- 身近なモチーフ -

この作例ではノートを使っていますが、料理教室であればフォークやナイフなど、身近なモチーフをデザインに取り入れるとイメージを伝えやすく、親しみ感を与えることもできます。

PRESENTATION

次々と吹き出しが飛び出してくる勢いのあるレイアウトに！
カラフルなコミック風でキャッチーに仕上げました。

❶ 左右を裁ち落とすことでコマが続いていくような広がりを感じさせ、勢いや動きを出しました。

❷ ドットやストライプなど、複数のパターンを使って賑やかな印象を与えます。

❸ 色数を増やすことで楽しさと親しみやすさを演出しました。

MINI LESSON

あしらい
- パターン -

同じ紙面の中で複数のパターンを使用すると、賑やかで楽しい印象になります。テイストがブレないように組み合わせることが重要です。

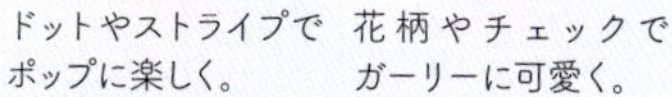

ドットやストライプでポップに楽しく。

花柄やチェックでガーリーに可愛く。

CASE 22

大学オープンキャンパスのポスター

夏に本校のオープンキャンパスが開催されるので、ポスター制作をお願いします！
入学生の見込める高等学校に配布、それから周辺地域の公共施設や掲示板にも貼ってもらいます。

オーダーシート

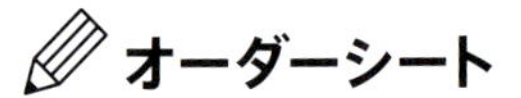

クライアント名
田村学園大学

サイズ
A2 横

ターゲット
大学進学を目指す高校生全般

依頼者の要望
堅すぎず緩すぎず、明るい未来を感じさせるデザイン

掲載内容
・学校名
・学校ロゴ
・開催期間、時間
・キャッチコピー

支給データ

［画像］

［その他］
テキストデータ

高校生の頃って
大学生に
憧れたわよね

あの頃は
若かった！

パッと見のイメージが
大事だったりするよね～

堅すぎず
緩すぎず…
うーむ…

仕上がりをチェック！

Layout Variation

A

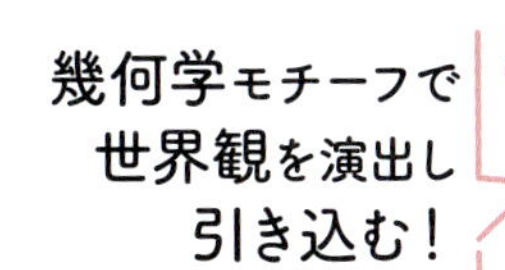

幾何学モチーフで
世界観を演出し
引き込む！

B

手書き文字で
メッセージ性を高め
心に響かせる！

C

ドットと円で
親しみやすく！

D

キャンパスライフの
楽しそうな写真で
夢を抱いてもらう！

PRESENTATION

幾何学モチーフを使って近未来的な世界観を演出。
見る人を引き込ませるデザインを目指しました！

❶ 円や三角形などの幾何学モチーフをちりばめ、近未来的なイメージに。

❷ 色面同士の重なりは透かし、軽やかさと奥行きを出しました。

❸ 角版写真をランダムに配置し、キャンパスライフのさまざまなシーンを切り取ったかのように見せています！

MINI LESSON

あしらい

- 幾何学モチーフ -

アクセサリーにもよく取り入れられている幾何学モチーフは、おしゃれに仕上げたいときや若者向けのデザインにマッチします。面と線を組み合わせて使っても。

❸

❷

❶ その一歩からはじまる、私

田村学園大学
OPEN CAMPUS

木暮キャンパス	◆生物学部 ◆理工学部	7/29 SUN	10:00 16:00
曽我キャンパス	◆人文学部 ◆商学部	8/12 SUN	10:00 16:00

PRESENTATION

キャッチコピーを手書き文字にすることでメッセージ性をUP。当事者意識を強めてもらえるようなポスターを作りました。

❶ キャッチコピーをフォントではなく手書き文字にすることで、高校生に受け入れてもらいやすくなるのではと考えました！

❷ 前に進んでいくイメージをより強めるため、足跡を入れました。

❸ 六角形と三角形を組み合わせ、適度に遊び心を入れながら写真を整理しています。

MINI LESSON

文字
- イラストを足す -

イラストを足すことで、見る人のイメージが膨らみやすくなったり、言葉だけでは伝わりにくい感情表現ができることも。

お願いします

お願いします

お願いします

C

PRESENTATION

ドットと円を使って堅苦しさを解消し、親しみやすく!
高校生が気軽に足を運びたくなるようなデザインにしました。

1. 見る人が身構えないよう、円をメインモチーフにして親しみやすい印象にまとめました。単調にならないように大小をつけ、動きを出しています。
2. 一文字ずつ色を変えることで、楽しそうな印象を与えます。
3. ご要望にあった堅さと緩さのバランスを取るために、カチッとしたフレームで引き締めました。

MINI LESSON

あしらい
- ドット -

ドットのパターンは大きさや間隔で雰囲気が変わるため、合わせるテイストによって使い分けましょう。

小×狭	小×広	大×狭
上品	素朴	ポップ

PRESENTATION

楽しそうなキャンパスライフの写真をたくさん見せてアピール。
高校生に憧れを持ってもらえるようなデザインに仕上げました。

1. ひとつひとつのシーンをしっかり見せられるよう、紙面を均等に分割して写真を並べました。
2. クロスハッチを散りばめて、明るい印象にまとめました。
3. 文字情報は全て、わかりやすく中央のエンブレム風モチーフの中にまとめています。

MINI LESSON

あしらい

- エンブレム風 -

制服のブレザーに付いているような、エンブレム風の形状をデザインの中に取り入れると”学校らしい”イメージを作ることができます。

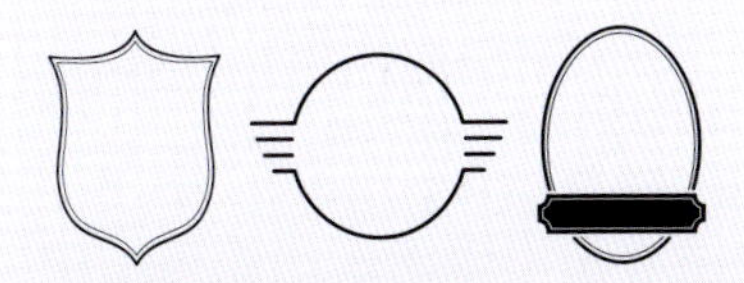

シオンの

追加受注いただきました！

- 名刺レイアウト -

学習塾のPRポスターで好評をいただき、名刺の依頼も受けました。
名刺は会社の顔ともいえる大切なもの。気を引き締めて制作です！

LAYOUT POINT

❶ 知的な印象を持たせるため、文字サイズはやや小さくしました。その分、フォントは読みやすいゴシック体を選んでいます。

❷ 左端にロゴと同じネイビーのラインを入れることで、誠実で真面目な印象を与えます。

ラインが入るだけで
ビシッとしまるねぇ

SECTION

5

HEALTH

CASE 23

フィットネスジムのポスター

ジムのエントランス付近や、最寄駅などに掲示予定のポスターを作ってください。
当ジムはストイックな方向けなので、真剣に体を鍛えたい方々にささる雰囲気でお願いします。

オーダーシート

クライアント名
POWER FITNESS

サイズ
A2 横

ターゲット
運動不足や体型の変化が気になる社会人男性

依頼者の要望
真剣さ、本気さを感じるデザイン

掲載内容
- 施設名
- 施設ロゴ
- 住所、URL
- キャッチコピー
- 説明文

支給データ

［画像］

［その他］

テキストデータ

赤は本能を
刺激する色と
言われていますからね

仕上がりをチェック！

LAYOUT VARIATION

A

緊張感と
熱意の両立で
真剣アピール！

B

ひび割れた
キャッチコピーで
迫力を！

C

グラフ風の
デザインで
本気さを強調！

D

白・黒・赤の
3色のみで
かっこよく！

PRESENTATION

緊張感のある静的なレイアウトに、赤の差し色で熱意をプラス！緊張感と熱意を両立させることで真剣さをアピールしました。

❶ 黙々とトレーニングをしている印象の写真ですが、書きなぐったような赤のブラシラインを用いて、心に秘められた熱意や勢いを表現しました。

❷ モデルはあえてセンターから外れるように配置し、ストーリー性を感じさせる構図にしました。

MINI LESSON

配色
- 色の印象 赤 -

赤は主に活発でエネルギッシュな印象を与えます。刺激的で主張が強いため、特に目立たせたい場所だけに使用するなど面積を狭めるとより効果的です。

❶ ❷

PRESENTATION

自分の殻を打ち破るイメージをひび割れた文字で表現。
強い思いが感じられる、勢いのあるポスターで足を止めさせます！

❶ 文字がモデルの後ろに位置しているように見せることで、写真と文字に一体感が生まれ、このポスターの世界観が強調されたと思います。

❷ 字間を狭めにすることでスピード感や緊迫感を感じさせ、迫力が増しています。

MINI LESSON

文字

- 被写体の後ろに配置 -

写真の上に配置した文字と被写体が重なる部分を欠けさせると、文字が被写体と背景の間にあるように見え、印象深いビジュアルを作ることができます。

PRESENTATION

トレーニング中の写真をグラフ風のデザインに落とし込み構成。真面目に努力している印象を与えることで、本気さを強調します。

❶ 3枚のモデル写真はそれぞれサイズを変えてトリミングし、メリハリを出しました。

❷ キャッチコピーは「本気」を赤で囲み、強調しています。全体の中で一点のみに赤を使うことでアクセントにもなり、紙面が引き締まったと思います。

MINI LESSON

あしらい
- グリッド線 -

縦横に均等なグリッド線を引くと、グラフ風または方眼紙風の背景を作ることができます。数字や勉強、記録や管理などの印象を与えるデザインを作りたい場合に効果的です。

自然派コスメ研究所
- Organic Cosmetics Laboratory -

PRESENTATION

写真はモノクロ加工し、筋肉の陰影を強調しました。
思い切って色数を絞ることでメッセージ性がアップしたと思います。

1. 色味の情報を排除することで、シンプルに「トレーニングをしている」という情報だけが伝わるようにコントロールしています。
2. 写真の間にあえて赤いスペースを作り、アクセントにしました。
3. キャッチコピーは斜体をかけてスピード感を演出しています。

MINI LESSON

文字
- 斜体 -

文字を斜体にすると、スピード感や勢いを感じさせます。また細いフォントを選べば爽やかさを演出することもできます。

スピード感を演出

細いフォントで爽やかに

個性派スタイリッシュ

CASE 24

介護施設の求人ポスター

スタッフの募集をすることになったので、大学や専門学校に配布するポスターを作っていただきたいです。
写真はWebサイトに掲載するために以前撮影したものがあるので、使ってください。

オーダーシート

クライアント名
みかづきホーム

サイズ
A3 縦

ターゲット
主に介護福祉士を目指している学生

依頼者の要望
明るく和やかな印象の、今後も使い続けられるデザイン

掲載内容
- 施設ロゴ
- 住所、電話番号、URL
- 地図
- キャッチコピー
- 説明文

支給データ

［画像］

みかづきホーム

［その他］
地図、テキストデータ

みんな笑顔で
素敵な写真
ばかりね

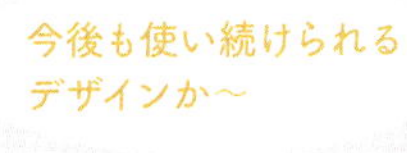

今後も使い続けられる
デザインか〜

流行り廃りがない
ということですね

仕上がりをチェック！

LAYOUT VARIATION

A

明るい笑顔を
大きく見せて
アピール！

B

オレンジを使い
ポジティブな
印象に！

C

カルテを
イメージした
バインダー風！

D

たくさんの
笑顔を並べて
ハッピーに！

PRESENTATION

笑顔が魅力的な写真を大きく配置し活き活きと働けることをアピール！和やかな雰囲気も感じさせます。

❶ スタッフの笑顔が引き立つようアップにしてトリミングし、インパクトを強めました。

❷ 下部に大事な情報をまとめたので、背景の写真を薄くして可読性を上げています。

❸ 「未経験者 OK！」の文字は情報の中でも特に目立つようにマーク化し、他とは異なる表現にしました。

MINI LESSON

文字
- 可読性 -

写真の上に配置した文字が読みにくい場合の対処はいくつかありますが、写真を薄くする他に、半透明のオブジェクトを配置する、文字に光彩またはシャドウをつける、などの方法があります。

半透明のオブジェクトを使うと、写真の印象を残しつつ可読性をアップできます。

PRESENTATION

オレンジを使ってポジティブな印象に。遠くから見てもわかりやすいように「スタッフ募集」を大きく配置しました。

❶ 円をメインオブジェクトとして、写真のトリミングや背景の柄に使用し、優しく和やかな雰囲気を演出しています。

❷ 長く使えるデザインを意識して、あしらいにはシンプルでスタンダードなものを用いました。

MINI LESSON

配色
- 色の印象 オレンジ -

オレンジは明るく活発でポジティブな印象を与える他、トーンによって以下のような表現ができます。

ダークトーン

紅葉や夕暮れのイメージから、哀愁や情緒を表現。

ライトトーン

陽だまりのようなイメージから、温かで優しい印象。

PRESENTATION

イラストを使ってほっこり和やかに。仕事で使うバインダーをモチーフに親しみやすい印象に仕上げました。

❶ 可愛らしい小鳥のイラストと植物のラインを使って、和やかさを演出しました。求人のポスターなので、レイアウト自体は綺麗に整頓させてきっちり感も出しています。

❷ チェックボックス風のデザインで箇条書きに条件をまとめ、わかりやすくしました。

MINI LESSON

あしらい
- 箇条書き -

箇条書きにすることで、条件やリストをわかりやすくまとめられます。イラストやアイコンを使ってデザインを工夫すれば、事務的な印象になりません。

環境を守ろう どんなことができるかな？	新感覚 ファンデーション
節電しよう	圧倒的うるおい感
物を大切に	美肌1日続く
ゴミは分別	高密着ヨレ知らず
クローバーのアイコンで親しみやすく。	文字と重ねて洗練された印象に。

PRESENTATION

写真をたくさん使って笑顔をアピール！シンプルなレイアウトで明快に、配色で和やかさを演出しました。

❶ 笑顔の写真を複数レイアウトするにあたって、顔ばかりが並びすぎないように顔以外の写真を数枚追加しました。

❷ トリミングにも大小をつけて、メリハリが出るようにしています。

❸ 白のぼかしを入れることで、文字を目立たせながら和やかな印象をも与えます。

MINI LESSON

写真
- 複数写真のトリミング -

複数の写真を並べて配置する場合、トリミングに強弱をつけてメリハリを出すのと反対に、同じ構図を繰り返すことで印象的なデザインを作ることもできます。

もっと聞きたい！
＼ 生産者の声 ／

同じサイズ感、同じセンター配置の人物写真が並ぶことでインパクトが強くなります。

CASE 25

小児病院のPRポスター

院内をはじめ、最寄駅、周辺地域などに掲示予定のポスターを作ってください。
信頼感、清潔感はもちろん、小児病院ですので柔らかな印象ももたせたいです。

オーダーシート

クライアント名
おおた小児医院

サイズ
A3 縦

ターゲット
小さな子供を持つ親

依頼者の希望
信頼感、清潔感、安心感のある堅すぎないデザイン

掲載内容
・施設名
・住所、電話番号
・地図
・キャッチコピー
・診療時間表

支給データ

［画像］

［その他］

地図、テキストデータ

信頼感、清潔感なら
ブルー系に決まりね！

確かに堅苦しい印象だと
子供を連れて行きづらいな

親身になってくれそうな
感じを出したいよね

安心感のある
デザインは得意です

仕上がりをチェック！

LAYOUT VARIATION

A

正方形の
写真と色面で
信頼&清潔感！

B

見る人の心に
語りかけて
想像させる！

C

イラスト追加で
"笑顔"を
アピール！

D

センター揃えで
信頼と安心感を
感じさせる！

PRESENTATION

正方形を綺麗に並べて誠実な印象に。信頼感、清潔感を感じさせる配色ですっきりと明るい印象に仕上げました！

❶ 部分的に整列から外れた白いラインを入れることで動きを出し、堅苦しさを解消しました。

❷ 明るいトーンのブルーとパープルをメインカラーにし、清潔感のある爽やかなイメージにまとめました。

MINI LESSON

配色

- 色の印象 ブルー -

ブルーは基本的に清潔・真面目な印象ですが、トーンで雰囲気が変化します。

ダークトーン

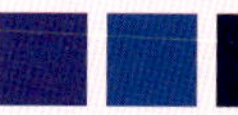

誠実で知的な印象。落ち着いた雰囲気を出すのにも◎

ライトトーン

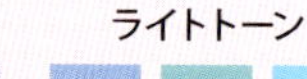

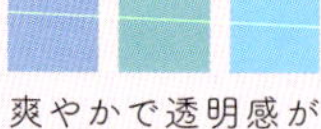

爽やかで透明感があり、若々しさも感じられます。

見る人の心に語りかけるような表現で身近な人の笑顔を想像させるようなポスターを作りました。

❶ 物語の"語りかけ"をイメージし、ランダムに配置した長方形の中にコピーを入れ込みました。

❷ たくさんの笑顔が浮かんでくるようなイメージにしたかったので、子供の写真を追加しています。

❸ 色の重なる部分は乗算して、透明感と奥行きを表現しました！

MINI LESSON

配色

- 色を重ねる -

乗算をかけて色同士を重ねることで、透明感、奥行きを出すことができます。平面的でパキッとしたベタに比べて、ふんわりとした柔らかな雰囲気を作り出すことができます。

乗算なし

乗算あり

PRESENTATION

イラストを追加して"笑顔"を強調！病院に抵抗のある人にも受け入れられやすいデザインを作りました。

❶ 手書き風のイラストを足してほっこり優しい印象を持たせました。

❷ 画像に白ふちをつけてインスタント写真風にすることで、思い出が積み重なっていくアルバムのように見せています。

❸ 背景は直線的に色分けすることできっちり感を出し、バランスを取りました。

MINI LESSON

写真
- 白ふち -

写真に白ふちを付ける際は、トリミングサイズとふちの幅を統一させると綺麗。

×

○

PRESENTATION

センター揃えのレイアウトで安心感を。安心して子供を診てもらえる病院という印象を与えます！

❶ 中央に集めたイメージ写真は、上下に配置したフレームよりも左右をはみ出させ、堅さと窮屈感を解消しました。

❷ フォントは丸ゴシックを使うことで、柔らかな印象を与えます。

❸ 院内の写真を載せることも、清潔感アピールに繋がると思います！

MINI LESSON

構成
- フレーム -

フレームの使い方次第で色々な表情のデザインを作ることができます。

上品なフレームに写真を納め、文字は重ねておしゃれに。

フレームを遮るように写真を重ねてダイナミックな印象に。

CASE 26

漢方薬の折り込みチラシ

この漢方薬は、肥満やむくみ、便秘に悩んでいる方に向けたものです。
ご注文や資料請求のステップへ、自然に誘導するようなチラシを作っていただきたいです！

オーダーシート

クライアント名	サイズ
漢方健康堂	A4 縦

ターゲット

肥満、むくみ、便秘に悩む方

依頼者の要望

ナチュラルな印象のデザイン

掲載内容

- 会社ロゴ
- 商品ロゴ
- 電話番号、URL
- キャッチコピー
- 説明文

支給データ

［画像］

漢方健康堂

体も気持ちもすっきりと
巡爽漢方薬

［その他］

テキストデータ

自然に誘導…
ここがポイントかしら

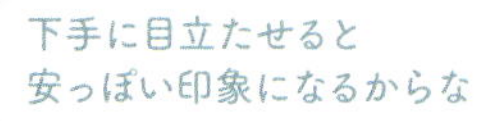

そういうの
よく見かける〜

まずはデザインで
誠実さや信頼感を
与えるのも
いいかも…

仕上がりをチェック！

LAYOUT VARIATION

A

爽やかな
背景写真で
すっきり感！

B

問いかけを強調
してターゲットに
アピール！

C

布地を使って
ナチュラルに！

D

視線の動きに
合わせた構成で
読みやすく！

PRESENTATION

爽やかな窓辺の背景写真を追加。すっきり感を強調したデザインで明るくポジティブな印象を与えます。

1. キャッチコピーや説明文は波打つような曲線状に配置して、柔らかさや親しみを出し、悩みを抱える人に寄り添うようなイメージを演出しました。
2. 押し付けがましい印象を与えないように、文字色を柔らかなブラウンにし、丸ゴシック体を使って穏やかなイメージにまとめました。

MINI LESSON

文字
- 曲線状に配置 -

長い文章を曲線状に配置すると、そよ風が吹いているような演出や、優しげな雰囲気を表現することができます。

口笛を吹いたり鼻歌を歌うような、心躍る気持ちを表現することもできます。

PRESENTATION

問いかけのキャッチコピーを強調！
悩みを抱えるターゲットに、
自分へのメッセージだと感じさせます。

1. 明るい緑色を使って、健康的な印象を与えます。
2. 植物のイラストを用いてナチュラルで親しみやすい印象をもたせました。
3. 注文・資料請求の項目には他の箇所とは異なる色を使い、サイズを大きくせずとも存在感が出るように工夫しました。

MINI LESSON

配色
- 色の印象 グリーン -

グリーンは自然や植物をイメージさせるため、穏やかさや爽やかさ、安らぎを演出することができます。そのため衛生商品を扱う企業や商品、飲食店などのロゴにもよく用いられます。

PRESENTATION

布地を使ってナチュラル感を演出！
親しみやすいデザインで
読みたくなるチラシを作りました。

❶ 気軽な気持ちで見てもらえるように、手書きのイラストを取り入れて堅苦しさをなくしました。

❷ 周囲に余白を設けることで、紙面をすっきりと明るく見せています。

MINI LESSON

あしらい
- 布地 -

布地のテクスチャはさまざまあり、キャンバス地はナチュラルで素朴な印象、デニム地はカジュアルで若々しい印象、シルクやサテンは高級な印象など、それぞれに与える印象が異なります。

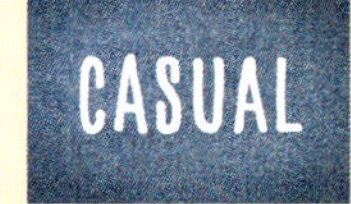

PRESENTATION

上から下にすっと読めて伝わりやすく。自然な視線の動きに沿った構成で注文・資料請求に導きます。

❶ 左右に並べた生薬の写真と中央に集めた情報の間にホワイトスペースを広めにとりました。上から下に向かって自然な流れで読めるようになっていると思います。

❷ キャッチコピーはあえて字間を広く取ることで、印象を強めています。

MINI LESSON

構成
- 視線の動き -

人が紙面や画面などを見る際の視線の動きで最も自然とされているのが、上から下への動きです。また横書きであれば左上から始まるZ型に、縦書きであれば右上から始めるN型に沿って動くことが知られています。

縦書きZ型

横書きN型

CASE 27

自転車イベントのフライヤー

毎年恒例となったサイクルフェスタを今年も開催するので、フライヤー制作をお願いいたします。
参加者は 8 割以上の方が男性ですが、お子様やご家族と一緒に参加される方も多くなってきました。

オーダーシート

クライアント名	サイズ
サイクルフェスタ実行委員会	A5 横

ターゲット

主に 20 ～ 40 代の男性と、その家族

依頼者の要望

楽しい雰囲気で、かつ男性が手に取りやすいデザイン

掲載内容

・イベント名
・開催日時
・URL
・説明文

支給データ

［画像］

［その他］

テキストデータ

男性向けだけど
楽しい雰囲気かぁ…

このイベント
参加してみたいなあ！

わくわく感が
あったりすると
いいのかなあ？

配色で工夫するのも
いいかもしれません

仕上がりをチェック！

LAYOUT VARIATION

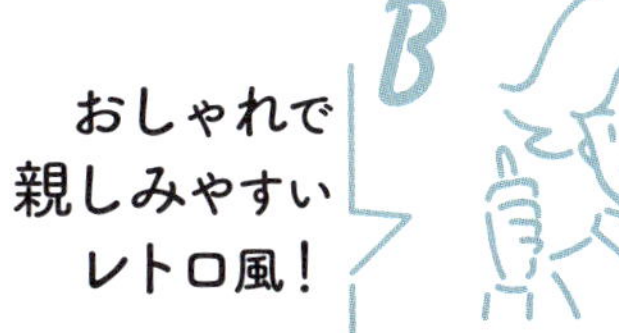

C

絶妙な
アッシュ系カラー
で大人ポップ！

D

チェッカー
を使って
カジュアルに！

PRESENTATION

イラストを追加して楽しそうな雰囲気を演出！
家族連れでも楽しめそうな明るい雰囲気を意識しました。

1. イベント名はリボンをモチーフにしたヒップスター風にまとめました。シンプルなサンセリフ体を使って、明るく健康的な印象を与えます。
2. 左端には青空をイメージした水色と山や雲のイラストを用いて、自転車で走る爽快さを表現しました。

MINI LESSON

文字
- サンセリフ体 -

サンセリフ体は線の太さが概ね均一でシンプルな書体です。ベーシックで親しみやすく、カジュアルな印象を持ちます。

Program OT Bold

Basic & Casual

EnglishGrotesque Light

Basic & Casual

PRESENTATION

グッと色数を絞って、アナログ風のデザインに。
爽やかなライトグリーンで自然の緑や風をイメージしました。

1. 個性的なデザイン書体を使ったイベント名は斜めに配置し、躍動感を出しました。
2. 少し太めのフレームを使って、紙面を引き締めています。
3. モノトーンの中にイエローをポイント使いすることでアクセントにしました。

MINI LESSON

文字
- 欧文デザイン書体 -

別名ディスプレイ書体とも呼ばれ、元々ポスターや看板用の目立たせたい文字のために作られた装飾的な書体です。

Serifa Stencil D Bold
Display font

Hobeaux Rococeaux Regular
DISPLAY FONT

C

PRESENTATION

絶妙なアッシュ系配色で大人ポップに！
当日が楽しみになるような"わくわく感"表現に拘りました。

❶ 黒ではなくチャコールグレーを使うことで全体のトーンが揃い、大人っぽい配色になったと思います。

❷ イベント名はおしゃれで遊び心のある、シンボリックなロゴマーク風にデザインにしました。

❸ 風景のシルエットを帯代わりにして、情報をまとめました。

MINI LESSON

配色
- チャコールグレー -

チャコールグレーは、グレーの中でもより黒に近い濃いグレーのことを指します。黒に比べて繊細さがあり、微妙なニュアンス表現ができます。

グレー　チャコールグレー　黒

PRESENTATION

チェッカーを取り入れたカジュアルデザインに。
あしらいやフォントで遊びつつ、かっちりレイアウトで引き締めました。

❶ 四角形をパズルのように組み合わせたかっちりとしたレイアウトで、男性らしさを感じさせます。

❷ 退屈な印象にならないよう、アクセントとしてチェッカーを取り入れ動きを出しました。

❸ 写真をイラスト風に加工して全体の雰囲気に馴染ませました。

MINI LESSON

写真
- イラスト風加工 -

鮮やかすぎる写真や、鮮明すぎて生々しい印象の写真がデザインに合わない場合は、イラスト風の加工をするのも一つの手です。

▶

＼ カリーの ／

追加受注いただきました！

- 店頭 POP レイアウト -

漢方薬の折り込みチラシが好評で、店頭 POP もご依頼いただいたよ。
ダイカット仕様だから、それを活かせるデザインにしようっと！

LAYOUT POINT

実際に使われる時のことを
想定するのが大事だよな

❶ ダイカットを活かして商品写真や吹き出しの部分を飛び出させ、動きのあるデザインで目立つように工夫しました。

❷ チラシでは「漢方」の文字を強調しましたが、店頭ではそもそも漢方の売り場にあると思うので、「すっきり」の方を目立たせています。

SECTION 6

OTHER

CASE 28

インテリアショップの新装開店チラシ

ショップのリニューアルオープンに向けて、チラシの制作をお願いします。
イメージ写真の他に、商品単体の写真がたくさんあるのでお渡ししますが全部使わなくてもいいですよ。

オーダーシート

クライアント名
POWER INTERIOR

サイズ
A4 縦

ターゲット
独身、ファミリー問わず 20 ～ 40 代の男女

依頼者の要望
男性にも女性にも受け入れられやすいデザイン

掲載内容
- 店舗ロゴ
- 開店日
- 住所、電話番号、URL
- 地図
- 説明文

支給データ

［画像］

［その他］
地図、テキストデータ

おしゃれなお部屋
憧れるわ～

ユニセックスなデザインが
求められてるってことか

画像が多くて
迷っちゃうね

たくさんの画像を
上手に整理するには
あの方法がいいかな…

仕上がりをチェック！

LAYOUT VARIATION

A

おしゃれなお部屋をアピール!

B

文字のジャンプ率を高めて強調!

C

たくさんの写真を使ってにぎやかに!

D

グリッドシステムを使って新聞風に!

PRESENTATION

おしゃれなお部屋写真を大きく配置。憧れを抱かせて買い物欲を沸かせます！

❶ 写真の左側はあえてソファを見せきらず裁ち落としに。広がりを感じさせるレイアウトにしました。

❷ ソファの濃いブルーとのバランスを取るために、背景右側には一段階淡いブルーを敷いています。

MINI LESSON

写真
- 一部を裁ち落とす -

写真の一部を裁ち落とすと、外に向かう広がりを感じさせたり、窮屈感を解消することができる他、見る人にその続きを想像させる効果も期待できます。

鳥が飛ぶ先に向かい、青空の広がりを感じさせます。

女性の視線の先や、左右に広がる景色を想像させます。

PRESENTATION

「RENEWAL OPEN」を大胆に拡大。思い切ってジャンプ率を高めメリハリのあるデザインにしました。

❶ フォントは大きく使ってもくどさの出ないシンプルなサンセリフ体を選びました。

❷ 日時も重要な情報なので、埋もれないよう白抜き文字で目立たせています。

❸ 全体がブルー系なので、赤いポットやソファの写真を差し色的に配置して、全体を引き締めています。

MINI LESSON

文字
- ジャンプ率 -

文字のジャンプ率とは、主に本文サイズに対する見出しサイズの比率のことを指します。

ジャンプ率高

SALE
お得な5日間
最大75%off!!

ダイナミックで躍動的な印象。

ジャンプ率低

Menu
3種のオードブル
季節のスープ
特選牛フィレのステーキ
フルーツ盛り合わせ

知的で上品な印象。高級感の演出にも。

PRESENTATION

たくさんの支給画像を全て使用！
お気に入りの一品を探したくなる
にぎやかなデザインに仕上げました。

❶ 切り抜き写真に手書き風のイラストをプラスして、商品の魅力を引き立てました。

❷ 中央にまとめた重要な情報と、装飾的にぐるりと配置した切り抜き写真＋イラストが混沌としないよう、背景の中央に白地を敷いてまとまり感を演出しています。

MINI LESSON

あしらい
- 手書き風イラスト -

同じ手書き風でも、どの程度デフォルメして描くのか、また線の太さなどによっても仕上がりのイメージが異なります。

細い線であまりデフォルメせずに描くと大人可愛い印象。

太い線でデフォルメを強めるとカジュアルでポップな印象。

PRESENTATION

**グリッドシステムを使って整理整頓。
新聞を思わせるレイアウトで
おしゃれにまとめました。**

❶ 見出しには上下にラインを引く、というルール付けをしました。紙面全体の統一感を出したかったので、「ENJOY YOUR SHOPPING」の文字を追加してバランスを取りました。

❷ 全体が単調になりすぎないよう切り抜き写真も入れました。グリッドが崩れて見えるのを防ぐために、シルエットが四角に近づくように２つの写真を組み合わせて配置しています。

MINI LESSON

構成
- グリッドシステム -

紙面を格子状に分割してグリッドを作り、それに沿ってレイアウトを組んでいく手法をグリッドシステムと呼びます。

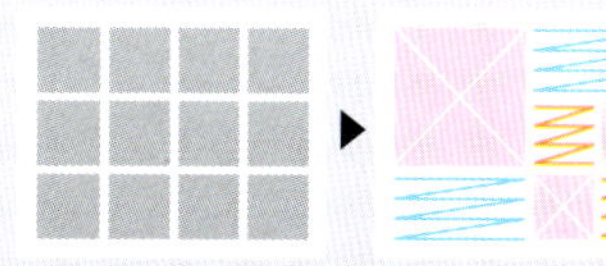

均等な格子状のグリッドを作る。

画像やテキストをグリッドに沿って配置。

CASE 29

フラワーショップのキャンペーンDM

お店の3周年記念キャンペーンを行うので、メンバーズカード会員様向けのDMをお願いします。
販促物等にも使っているオリジナルのレース模様があるので、デザインに取り入れてください。

オーダーシート

クライアント名	サイズ
Bouquet Gift	はがき 縦

ターゲット
主に 20 ～ 40 代の女性（メンバーズカード会員）

依頼者の要望
レースのイメージに合う、シックで大人なデザイン

掲載内容
- 店舗ロゴ
- 開催期間
- 住所、電話番号、URL
- 説明文

支給データ

［画像］

［その他］
テキストデータ

仕上がりをチェック！

LAYOUT VARIATION

A

ベージュと黒で
シックにまとめて
リースを魅せる！

B

落ち着きのある
柔らかな表現で
上品に！

C

ヨーロピアンな
額縁を使って
大人可愛く！

D

ニュアンス
カラーで
洗練おしゃれ！

PRESENTATION

**全体をベージュと黒でまとめ
シックで大人っぽいデザインに。
繊細な配色のリースを引き立てます。**

❶ リースの写真は正方形にトリミングすることで、おしゃれでシンボリックに見えるよう意識しました。

❷ 文字と装飾は細みの黒で統一することで大人っぽく洗練された印象になり、全体のメリハリも出たと思います。

MINI LESSON

写真
- 正方形 -

一般的に写真＝長方形のイメージが強いため、正方形のトリミングをすることで印象的に魅せることができます。またSNSなどの影響から、おしゃれ、今っぽさといったイメージにも繋がります。

DAILY LIFE THING

正方形にトリミングした写真を並べただけでも今っぽさを感じられるデザインに。

PRESENTATION

ふんわりと柔らかな表現で女性らしく。3周年を強調しつつ、落ち着きのある配色で上品に仕上げました！

❶ 写真は背景として使い、ショップの世界観を演出しました。周囲をふんわりとぼかすことで繊細さを感じさせます。

❷ メインの文字にはセリフ体を使い、クラシカルで上品な雰囲気にまとめました。

MINI LESSON

文字
- セリフ体 -

セリフ体を使うとクラシカルで上品な印象の他に、高級感、大人っぽさ、フォーマル、真面目、誠実などの印象も与えることができます。

Kepler Std

Elegant & Luxury

IM FELL Double Pica

Formal & Serious

PRESENTATION

レースに合わせて大人可愛く！
ヨーロピアン調の額縁を使って
特別感を意識したDMを作りました。

❶ せっかくのアニバーサリーなので、特別感が出るようゴージャスな額縁を追加しました。淡い配色で上品さも演出しています。

❷ 全体をグレイッシュなピンク系のフォカマイユ配色でまとめ、落ち着きと可愛いらしさを両立させています。

❸ 文字情報は可読性を持たせるため、白地の上にシンプルに配置しました。

MINI LESSON

配色
-カマイユ／フォカマイユ-

カマイユとは色相とトーンが共に極めて近い配色のことを指し、フォカマイユはそれよりも少し差の大きい配色を指します。いずれにせよ微妙な色味の組み合わせとなり、曖昧で繊細なニュアンス表現をすることができます。

カマイユ配色　**フォカマイユ配色**

PRESENTATION

すっきりと整えたレイアウトで綺麗に。ニュアンスカラーでシックにまとめ、大人のおしゃれさを感じさせます。

❶ リースやアレンジメントがさまざまな形をしているので、紙面上で整って見えるように写真は四角くトリミングし、全体をセンター揃えで美しく整頓しました。

❷ 色面と写真を交互に配置し、整頓された中にも小洒落た印象を与えます。

❸ ライトグレイッシュトーンを使って、シックでおしゃれに仕上げました。

MINI LESSON

配色
- ライトグレイッシュトーン -

くすみがありつつも、柔らかく穏やかな印象を持つライトグレイッシュトーンを使うと、シックで大人っぽいイメージを作ることができます。

CASE 30

雑貨店のフリーペーパー

新商品を紹介するフリーペーパーを毎月作ることになりました。第一弾の制作をお願いいたします！
ショップ内の専用ラックとレジ横に置いて、自由に持って行ってもらうスタイルです。

オーダーシート

クライアント名
PLUS+

サイズ
A4 縦

ターゲット
10～20 代の若い女性

依頼者の要望
おしゃれでポップな、ファッション雑誌のようなデザイン

掲載内容
- 店名
- フリーペーパー用ロゴ
- 住所、電話番号、URL
- 説明文

支給データ

［画像］

PLUS+ FREE PAPER
APREL.20XX

［その他］

テキストデータ

ポップでキュートな雑貨ばかりね！

ピンクとブルーの2色に絞られてるな

明るい色味で元気が出るねえ

ファッション雑誌を買ってきます…！

仕上がりをチェック！

LAYOUT VARIATION

A

商品写真重視のメリハリレイアウト！

SPRING
NEW ITEM
新生活が始まる春。
心機一転新しいものを取り入れて、気分を上げよう！
PLUS+ FREE PAPER
APREL.20XX

B

タイトル文字を大胆に配置してアイキャッチに！

C

おしゃれな落書きイラストで楽しく！

D

グリッドラインを見せるデザインでポップに！

PRESENTATION

商品写真重視のメリハリレイアウト！
キュートな雑貨の魅力が
最大限伝わるように心がけました。

❶ 背景のある写真はそれも含めた世界観が素敵だったので、各版のまま使いました。切り抜き写真との強弱で、メリハリが出たと思います。

❷ 写真のスペースを広く取るために、文字情報はまとめて下部に配置しました。

❸ 写真に合わせたブライトトーンの配色で、明るく楽しいイメージにまとめました。

MINI LESSON

配色
- ブライトトーン -

ブライトトーンは純色に少し白を混ぜた澄んだ明るい色です。健康的な印象や、にぎやかで陽気な印象を与えます。

PRESENTATION

タイトル文字をアイキャッチに。店頭でお客様が気づいてくれるような存在感のあるデザインを作りました！

1. ピンク系の商品の下にはエメラルドグリーンを、ブルー系の商品の下にはピンクの色を敷いて、にぎやかで楽しい印象を与えます。

2. 商品の説明文にブルーのマーカーを引き、アクセントにしました。小さな文字が並ぶと事務的な感じが出てしまう点も、解消できたと思います。

MINI LESSON

あしらい
-マーカー-

マーカーを引くと文字が強調され、デザインにメリハリが生まれます。ノートに蛍光ペンを引いたようなアナログ感のある表現と、パソコン画面で文字を選択した状態のようなデジタル感のある表現があり、以下のように印象が異なります。

アナログ感	デジタル感
親しみやすく 気取らない ラフな印象	スマートで かっこよく 今っぽい印象

PRESENTATION

ゆるい落書きイラストで楽しく。
若い女の子たちから好まれる
親しみのあるデザインに仕上げました。

❶ 女子の落書きのようなゆるいイラストを使い、親近感が沸くようにしました。

❷ 華やかさをプラスするために、色面を組み合わせて動きのある背景を作りました。ピンクとブルーの組み合わせは子供っぽくなりがちですが、ホワイトスペースを広めにとることでおしゃれにまとまったと思います。

MINI LESSON

配色
- 色数 -

色数は基本的には多ければ多いほどにぎやかな印象に、少ないほど静かな印象になります。派手な色同士の組み合わせでも色数を絞ることで、派手になりすぎるのを回避することができます。

PRESENTATION

グリッドラインを使ってポップに。
しっかり商品紹介をしながらも
楽しくおしゃれにまとめました。

❶ 太めのラインを使うことで、ポップな印象を出しました。

❷ 読みやすいやや太めのゴシック体を使って、カジュアルさを演出しました。

❸ 桜色のドットパターンを敷いて、季節感と楽しさを表現しました。

MINI LESSON

文字
- ゴシック体 -

ゴシック体は線の太さが均一で可読性が高いフォントです。見出しなどの強調したい部分は太め、本文などの長文部分には細めを使用すると、安定感がある読みやすい紙面になります。

りょうゴシック PlusN
細いゴシック体でおしゃれに

平成角ゴシック Std
太いゴシック体で安定感

MOMOKO'S DESIGN

私は写真をメインにした
ビジュアル重視なデザインが
得意なの！

デザインって
まずパッと見たときの印象が
大事だと思うわ。

P020

Alternate Gothic No2 D Regular
ABCabc123

P026

漢字タイポス４１５ Std R
あア亜Aa123

メインで使用しているフォントの紹介です

P032

American Scribe Regular
ABCabc123

P044

DNP 秀英丸ゴシック Std B
あア亜Aa123

P058

Voltage Regular
ABCabc123

P070

FOT- クレー Pro DB
あア亜Aa123

P076

A-OTF UD 黎ミン Pr6N L

あア亜 Aa123

P082

貂明朝 Regular

あア亜 Aa123

P096

漢字タイポス４８ Std R

あア亜 Aa123

P102

VDL 京千社 R

あア亜 Aa123

P114

DNP 秀英四号かな Std M

あア亜 Aa123

P120

American Scribe Regular

ABabc123

P134

※メインの文字は手描き

P140

貂明朝 Regular

あア亜 Aa123

P166

FOT- 筑紫A 丸ゴシック Std B

あア亜 Aa123

P172

小塚明朝 Pr6N M

あア亜 Aa123

P178

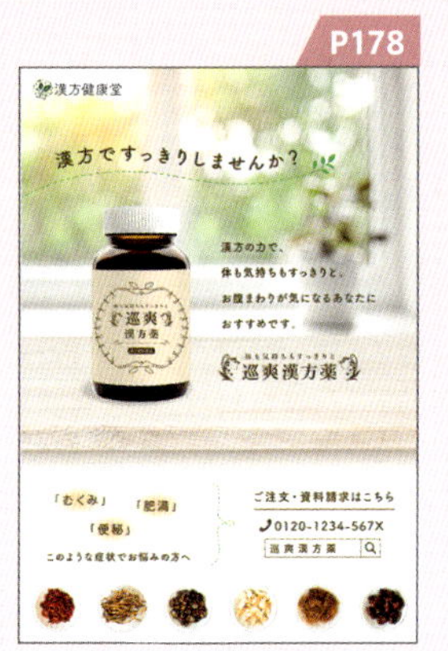

FOT- 筑紫A 丸ゴシック Std B

あア亜 Aa123

P192

Balloon URW Light

ABCabc123

P198

Sheila Bold

ABCabc123

P204

Program Nar OT Regular

ABCabc123

P038

Trajan Pro 3 Regular

ABCabc123

※メインの文字は手描き

FOT-クレー Pro DB

あア亜 Aa123

貂明朝 Regular

あア亜 Aa123

A-OTF 太ミンA101 Pr6N Bold

あア亜 Aa123

FOT-筑紫B 丸ゴシック Std B

あア亜 Aa123

DNP 秀英丸ゴシック Std B

あア亜 Aa123

Iskra-Regular

ABCabc123

A-OTF 見出ミン MA31 Pr6N MA31

あア亜 Aa123

Nobel Bold

ABCabc123

AOYAMA'S DESIGN

俺のデザインは
文字をメインにした
直接的な表現が多いぞ。

何を伝えたいのか
はっきりさせることって
重要だよな！

P021

Modesto Condensed Bold

ABCabc123

P027

貂明朝 Regular

あア亜 Aa123

メインで使用しているフォントの紹介です

P033

Charcuterie Serif Bold

ABCabc123

P045

Objektiv Mk1 XBold

ABCabc123

P059

Sheila Bold

ABCabc123

P071

貂明朝 Regular

あア亜 Aa123

P077

貂明朝 Regular

あア亜 Aa123

P083

FOT- 筑紫B 丸ゴシック Std B

あア亜 Aa123

P097

貂明朝 Regular

あア亜 Aa123

P103

A-OTF UD 黎ミン Pr6N L

あア亜 Aa123

P115

A-OTF 太ゴB101 Pr6N Bold

あア亜 Aa123

P121

Dogma OT Bold

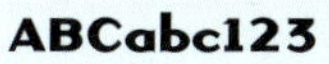

P135

※メインの文字は手描き

P141

DNP 秀英明朝 Pr6 B

あア亜 Aa123

P167

VDL アドミーン R

あア亜 Aa123

P173

TA- ことだまR

あア亜 Aa123

P179

FOT- クレー Pro DB

あア亜 Aa123

P193

Alternate Gothic No2 D Regular

ABCabc123

P199

貂明朝 Regular

あア亜 Aa123

P205

Objektiv Mk1 XBold

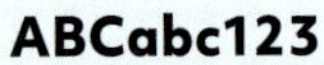

P039

Copperplate Light

ABCABC123

P051

小塚ゴシック Pr6N R

あア亜 Aa123

P065

貂明朝 Regular

あア亜 Aa123

P089

Ro サン Std-M

あア亜 Aa123

P109

貂明朝 Regular

あア亜 Aa123

P127

FOT- 筑紫 A 丸ゴシック Std B

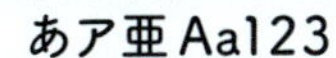

あア亜 Aa123

P147

小塚ゴシック Pr6N H

あア亜 Aa123

P153

※メインの文字は手描き

P161

DNP 秀英アンチック Std B

あア亜 Aa123

P185

LTC Broadway Engraved

ABCabc123

CURRIE'S DESIGN

私のデザインは
親しみやすくてキャッチーな
ところが特徴だよ。

受け入れられやすさって
大事なんじゃないかなぁ。

P022

Charcuterie Etched Regular
ABCabc123

P028

Charcuterie Etched Regular
ABCabc123

メインで使用しているフォントの紹介です

P034

Active Regular
ABCabc123

P046

Charcuterie Etched Regular
ABCabc123

P060

A-OTF UD 新ゴ Pr6N L
あア亜 Aa123

P072

FOT- 筑紫A 丸ゴシック Std B
あア亜 Aa123

P078

FOT-クレー Pro DB

あア亜Aa123

P084

VDL アドミーン R

あア亜Aa123

P098

FOT-筑紫A丸ゴシック Std B

あア亜Aa123

P104

貂明朝 Regular

あア亜Aa123

P116

貂明朝 Regular

あア亜Aa123

P122

Liza Display Pro Regular

ABCabc123

P136

TB シネマ丸ゴシック Std M

あア亜Aa123

P142

VDL ロゴナ R

あア亜Aa123

P168

漢字タイポス４１５ Std R

あア亜Aa123

P174

VDL メガ丸 R

あア亜Aa123

P180

VDL Ｖ７明朝 L

あア亜Aa123

P194

Cortado Regular

ABCabc123

P200

Rollerscript Smooth

ABCabc123

P206

Active Regular

ABCabc123

P040

Rollerscript Smooth

ABCabc123

P052

どんぐり かな R

あいうアイウabc

P066

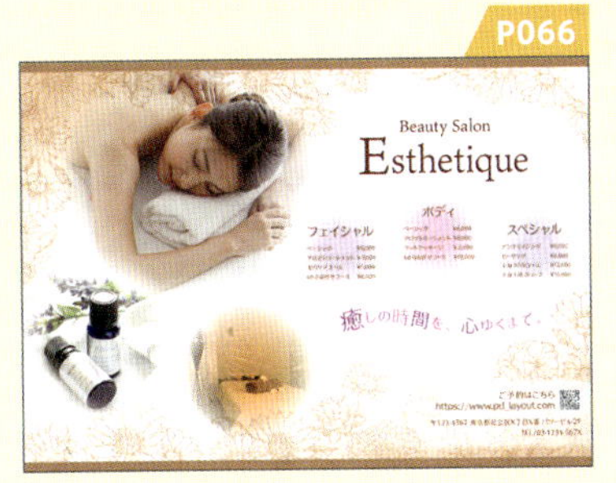

漢字タイポス４８ Std R

あア亜 Aa123

P090

TB シネマ丸ゴシック Std M

あア亜 Aa123

P110

りょう Text PlusN R

あア亜 Aa123

P128

TB ちび丸ゴシック PlusK Pro R

あア亜 Aa123

P148

Ro サン Std-M

あア亜 Aa123

P154

Charcuterie Serif Bold

ABCabc123

P162

A-OTF 太ゴB101 Pr6N Bold

あア亜 Aa123

P186

EnglishGrotesque Thin

ABCabc123

SHION'S DESIGN

僕は整列、整理整頓した
かっちりデザインが得意です。

情報を正しく
そして伝わりやすく表現する、
それがデザインの基本です！

P023

Bitter Bold
ABCabc123

P029

Charcuterie Etched Regular
ABCabc123

メインで使用しているフォントの紹介です

P035

TA-ことだまR
あア亜 Aa123

P047

EnglishGrotesque Thin
ABCabc123

P061

Futura PT Cond Book
ABCabc123

P073

A-OTF UD 黎ミン Pr6N L
あア亜 Aa123

P079

TA- ことだまR

あア亜 Aa123

P085

TB ちび丸ゴシック PlusK Pro R

あア亜 Aa123

P099

TA- ことだまR

あア亜 Aa123

P105

VDL 京千社 R

あア亜 Aa123

P117

DNP 秀英アンチック Std B

あア亜 Aa123

P123

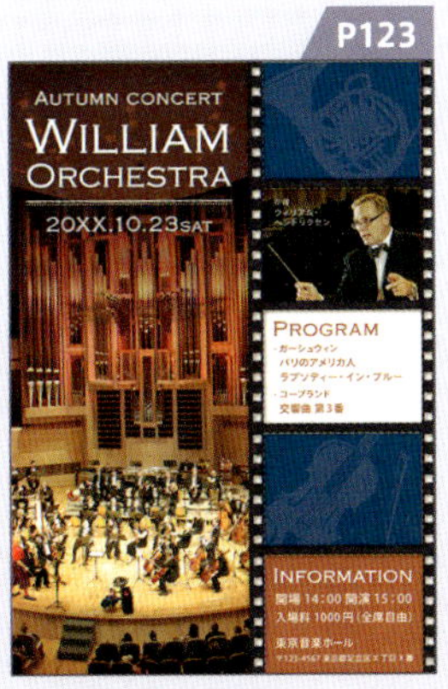

Copperplate Light

ABCABC123

P137

VDL メガ丸 R

あア亜 Aa123

P143

DNP 秀英アンチック Std B

あア亜 Aa123

P169

貂明朝 Regular

あア亜 Aa123

P175

TB ちび丸ゴシックPlusK Pro R

あア亜 Aa123

P181

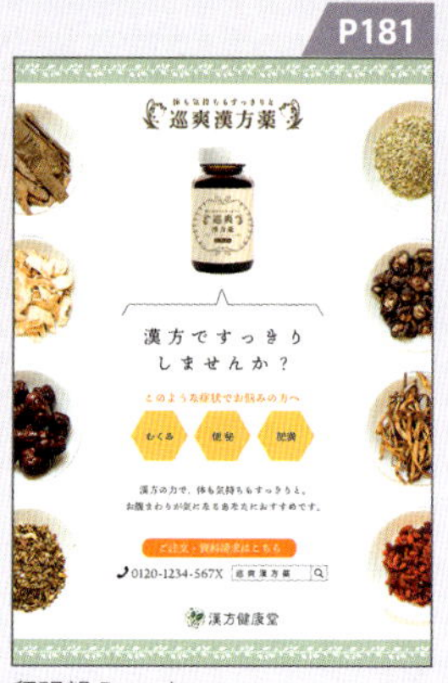

貂明朝 Regular

あア亜 Aa123

P195

Program Nar OT Regular

ABCabc123

P201

Youngblood Regular

ABCabc123

P207

Alternate Gothic No2 D Regular

ABCabc123

P041

Kepler Std Italic

ABCabc123

P053

FOT- 筑紫A 丸ゴシック Std B

あア亜 Aa123

P067

DNP 秀英四号かな Std M

あア亜 Aa123

P091

小塚ゴシック Pr6N H

あア亜 Aa123

P111

A-OTF UD 黎ミン Pr6N L

あア亜 Aa123

P129

りょうゴシック PlusN R

あア亜 Aa123

P149

TB カリグラゴシック Std E

あア亜 Aa123

P155

Alternate Gothic No2 D Regular

ABCabc123

P163

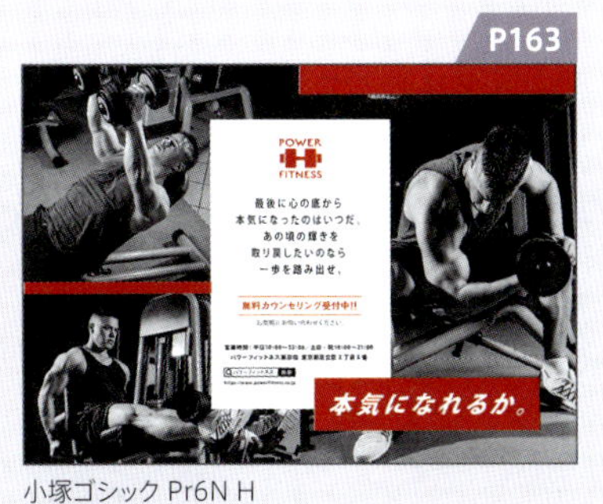

小塚ゴシック Pr6N H

あア亜 Aa123

P187

Cheap Pine Regular

ABCABC123

Power Design パワーデザイン

東京に拠点を置くデザイン会社。http://www.powerdesign.co.jp

常時20名前後在籍のデザイナーがそれぞれ個性を活かし、グラフィック事業とプロダクト事業の2つの分野を柱に幅広く活動。

【著作物】

「装飾パーツ素材集　大人ラグジュアリー」
(2011/インプレスジャパン)

「装飾パーツ素材集　大人セレブリティー」
(2012/インプレスジャパン)

「おしゃれなフリーフォントと飾りパーツの素材集
-Font & Parts Collection-」
(2013/インプレスジャパン)

「可愛いフリーフォントと飾りパーツの素材集
-Font & Parts Collection-」
(2014/インプレスジャパン)

「おしゃれな塗り絵BOOK ギリシャ神話の女神たち」
(2016/ソシム)

「カリグラフィーと装飾模様の素材集」
(2017/ソシム)

「GIRLS LUXURY WEEKEND
ー週末を彩る大人かわいい装飾素材集ー」
(2017/インプレス)

「ニュアンスカラーで上品おしゃれ SIMPLE&NATURAL 素材集 With タイポグラフィー」
(2018/ソシム)

「配色デザインインスピレーションブック」
(2018/ソシム)

ほか多数

【参考文献】

甲谷 一 「ABC案のレイアウト　1テーマ×3案のデザインバリエーション」 誠文堂新光社　2013

株式会社フレア 「なっとくレイアウト　感覚やセンスに頼らないデザインの基本を身につける」 エムディエヌコーポレーション　2015

ingectar-e 「けっきょく、よはく。　余白を活かしたデザインレイアウトの本」 ソシム　2018

同じ素材&テキストなのに、こんなに違う!

デザインのネタ帳

2019年 5月10日 初版第1刷発行

著　者　Power Design Inc.
装丁・本文・DTP　中村 敬一/齋藤 仁美/松永 尚子
三浦 泉/布施 雄大/國井 あゆみ
太田 ちひろ
写真協力　Adobe Stock
編　集　平松 裕子
発行人　片柳 秀夫
編集人　三浦 聡
発　行　ソシム株式会社
http://www.socym.co.jp/
〒101-0064
東京都千代田区神田猿楽町1-5-15
猿楽町SSビル
TEL：03-5217-2400(代表)
FAX：03-5217-2420
印刷・製本　シナノ印刷株式会社

定価はカバーに表示してあります。
落丁・乱丁本は弊社編集部までお送りください。
送料弊社負担にてお取り替えいたします。

ISBN978-4-8026-1212-8